院士解锁中国科技

傅廷栋 主笔

农田里的科学魔法

中国编辑学会　中国科普作

中国少年儿童新闻出版总社
中国少年儿童出版社

北　京

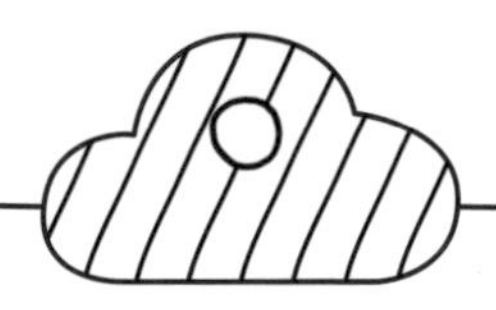

图书在版编目（CIP）数据

农田里的科学魔法 / 傅廷栋主笔 . — 北京 : 中国少年儿童出版社 , 2022.12（2023.2 重印）
（院士解锁中国科技）
ISBN 978-7-5148-7822-6

Ⅰ . ①农… Ⅱ . ①傅… Ⅲ . ①农业技术 – 中国 – 少儿读物 Ⅳ . ① S-49

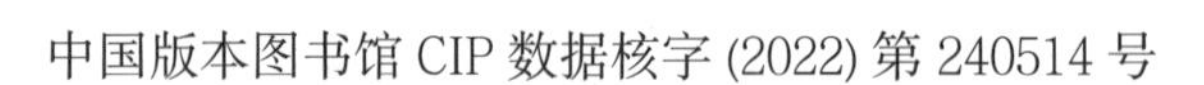

中国版本图书馆 CIP 数据核字 (2022) 第 240514 号

NONGTIAN LI DE KEXUE MOFA
（院士解锁中国科技）

出 版 发 行：中国少年儿童新闻出版总社 中国少年兒童出版社
出 版 人：孙 柱
执行出版人：赵恒峰

责任编辑：万 顿 李晓平 李 伟 叶 丹
美术编辑：于歆洋
责任校对：杨 雪
插 图：王红洁 杜嘟嘟
封面设计：许文会
版式设计：施元春
形象设计：冯衍妍
责任印务：李 洋

社 址：北京市朝阳区建国门外大街丙12号 邮政编码：100022
编 辑 部：010-57526702 总 编 室：010-57526070
客 服 部：010-57526258 官方网址：www.ccppg.cn

印刷：北京利丰雅高长城印刷有限公司

开本：720mm×1000mm 1/16 印张：9.25
版次：2023年1月第1版 印次：2023年2月北京第2次印刷
字数：200千字 印数：10001—60000册

ISBN 978-7-5148-7822-6 定价：45.00元

图书出版质量投诉电话：010-57526069，电子邮箱：cbzlts@ccppg.com.cn

本书创作团队

主　笔

傅廷栋

创作团队

（按姓氏笔画排列）

王　帅　王幼宁　王旭彤　王志娟　文　静　叶　杰　叶　静
叶沈华　边银丙　江　洋　许庆彪　纪洪涛　李　霞　李合生
汪　波　沈志刚　宋　鹏　陈　鹏　金双侠　侯　杰　闻亚美
黄求应　庾文琳　解凯东　蔡兴奎

“院士解锁中国科技”丛书编辑团队

项目组组长

缪　惟　郑立新

专项组组长

胡纯琦　顾海宏

文稿审读

何强伟　陈　博　李　橦　李晓平　王仁芳　王志宏

美术监理

许文会　高　煜　徐经纬　施元春

丛书编辑

（按姓氏笔画排列）

于歆洋　万　頔　马　欣　王　燕　王仁芳　王志宏　王富宾　尹　丽　叶　丹　包萧红
冯衍妍　朱　曦　朱国兴　朱莉荟　任　伟　邬彩文　刘　浩　许文会　孙　彦　孙美玲
李　伟　李　华　李　萌　李　源　李　橦　李心泊　李晓平　李海艳　李慧远　杨　靓
余　晋　张　颖　张颖芳　陈亚南　金银銮　柯　超　施元春　祝　薇　秦　静　顾海宏
徐经纬　徐懿如　殷　亮　高　煜　曹　靓　韩春艳

前　言

“院士解锁中国科技”丛书是一套由院士牵头创作的少儿科普图书，每卷均由一位或几位中国科学院、中国工程院的院士主笔，每位都是各自领域的佼佼者、领军人物。这么多院士济济一堂，亲力亲为，为少年儿童科普作品担纲写作，确为中国科普界、出版界罕见的盛举！

参与这套丛书领衔主笔的诸位院士表达了让人不能不感动的一个心愿：要通过撰写这套科普图书，把它作为科技强国的种子，播撒到广大少年儿童的心田，希望他们成长为伟大祖国相关科学领域的、继往开来的、一代又一代的科学家与工程技术专家。

主持编写这套丛书的中国少年儿童新闻出版总社是很有眼光、很有魄力的。在这些年我国少儿科普主题图书出版已经很有成绩、很有积累的基础上，他们策划设计了这套集约化、规模化地介绍推广我国顶级高端、原创性、引领性科技成果的大型科普丛书，践行了习近平总书记关于“科技创新、科学普及是实现创新发展的两翼，要把科学普及放在与科技创新同等重要的位置”的重要思想，贯彻了党的二十大关于“教育强国、科技强国、人才强国”的战略要求，将全民阅读与科学普及相结合，用心良苦，投入显著，其作用和价值都让人充满信心。

这套丛书不仅内容高端、前瞻，而且在图文编排上注意了从问题入手和兴趣导向，以生动的语言讲述了相关领域的科普知识，充分照顾到了少年儿童的阅读心理特征，向少年儿童呈现我国科技事业的辉煌和亮点，弘扬科学家精神，阐释科技对于国家未来发展的贡献和意义，有力地服务于少年儿童的科学启蒙，激励他们逐梦科技、从我做起的雄心壮志。

院士团队与编辑团队高质量合作也是这套高新科技内容少儿科普图书的亮点之一。中国少年儿童新闻出版总社集全社之力，组织了 6 个出版中心的 50 多位文、美编辑参与了这套丛书的编辑工作。编辑团队对文稿设计的匠心独运，对内容编排的逻辑追溯，对文稿加工的科学规范，对图文融合的艺术灵感，都能每每让人拍案叫绝，产生一种“意料之外、情理之中”的获得感。

丛书在编写创作的过程中，专门向一些中小学校的同学收集了调查问卷，得到了很多热心人士的大力帮助，在此，也向他们表示衷心的感谢！

相信并祝福这套大型系列科普图书，成为我国少儿主题出版图书进入新时代中的一个重要的标本，成为院士亲力亲为培养小小科学家、小小工程师的一套呕心沥血的示范作品，成为服务我国广大少年儿童放飞科学梦想、创造民族辉煌的一部传世精品。

郝振省

中国编辑学会会长

前　言

科技关乎国运，科普关乎未来。

一个国家只有拥有强大的自主创新能力，才能在激烈的国际竞争中把握先机、赢得主动。当今中国比过去任何时候都需要强大的科技创新力量，这离不开科学家创新精神的支撑。加强科普作品创作，持续提升科普作品原创能力，聚焦“四个面向”创作优秀科普作品，是每个科技工作者的责任。

科普读物涵盖科学知识、科学方法、科学精神三个方面。“院士解锁中国科技”丛书是一套由众多院士团队专为少年儿童打造的科普读物，站位更高，以为中国科学事业培养未来的“接班人”为出发点，不仅让孩子们了解中国科技发展的重要成果，对科学产生直观的印象，感知“科技兴则民族兴，科技强则国家强”，而且帮助孩子们从中汲取营养，激发创造力与想象力，唤起科学梦想，掌握科学原理，建构科学逻辑，从小立志，赋能成长。

这套丛书的创作宗旨紧跟国家科技创新的步伐，遵循“知识性、故事性、趣味性、前沿性”，依托权威专业的院士团队，尊重科学精神，内容细化精确，聚焦中国科学家精神和中国重大科技成就。创作这套丛书的院士团队专业、阵容强大。在创作中，院士团队遵循儿童本位原则，既确保了科学知识内容准确，又充分考虑了少年儿童的理解能力、认知水平和审美需求，深度挖掘科普资源，做到通俗易懂。丛书通过一个个生动的故事，充分体现出中国科学家追求真理、解放思想、勤于思辨的求实精神，是中国科学家将爱国精神与科学精神融为一体的生动写照。

为确保丛书适合少年儿童阅读，院士团队与编辑团队通力合作。在创作过程中，每篇文章都以问题形式导入，用孩子们能够理解的语言进行表达，让晦涩的知识点深入浅出，生动凸显系列重大科技成果背后的中国科学家故事与科学家精神。同时，这套丛书图文并茂，美术作品与文本相辅相成，充分发挥美术作品对科普知识的诠释作用，突出体现美术设计的科学性、童趣性、艺术性。

面对百年未有之大变局，我们要交出一份无愧于新时代的答卷。科学家可以通过科普图书与少年儿童进行交流，实现大手拉小手，培养少年儿童学科学、爱科学的兴趣，弘扬自立自强、不断探索的科学精神，传承攻坚克难的责任担当。少儿科普图书的创作应该潜心打造少年儿童爱看易懂的科普内容，着力少年儿童的科学启蒙，推动青少年科学素养全面提升，成就国家未来创新科技发展的高峰。

衷心期待这套丛书能够获得广大少年儿童朋友们的喜爱。

周忠和

中国科学院院士

中国科普作家协会理事长

写在前面的话

俗话说，“农稳社稷，粮安天下”。

社会的发展、文明的进步，都要以粮食生产作为基本保障。我国是人口大国、农耕大国。对于我国来说，农业更是重中之重。它是当之无愧的第一产业，支撑着我国国民经济不断发展与进步。其他的物质生产和非物质生产固然也很重要，但粮食生产始终是我们的衣食之源、生存之本。如果我们连饭都吃不饱、吃不好，哪里还有心力去做其他事情呢？

为了让我们“牢牢捧住自己的饭碗”，我国涌现出了很多兢兢业业的农业科学家。在他们的共同努力下，我国农业在新品种、新技术、新装备、新模式上，不断取得重大创新和突破，保证粮食产量稳定增长，推动农产品供给充足优质。

这本《农田里的科学魔法》，是“院士解锁中国科技”丛书的“农业卷”。从作物驯化、作物育种，到病虫害防治、生物技术，再到生态农业、智慧农业……书中每个篇章的主题都是我们根据小读者的兴趣悉心挑选的，讲述了很多与农业有关的科学知识，介绍了我国农业科技的新发展、新成果。特别要说的是，书中还有很多科学家的故事，展现了值得称颂的科学精神。

如今大家衣食无忧，但绝不能因此变得“四体不勤，五谷不分”。其实，农田里有很多奇妙的、有意思的事：“东方魔稻”是怎么来的？植物生长的“魔法”是什么？为什么要给土豆消“毒”？鱼为什么要和水稻生活在一起？……相信你看完这本书，一定会发现很多“科学魔法”，也会更加爱科学，会更用心地学科学，长大以后会用“科学魔法”来为我们国家的发展做贡献！

傅廷栋

中国工程院院士

华中农业大学教授

目录

快跟着逗粒一起去农田里看看吧！

旅行手册
水稻水稻，
你从哪里来？
旅游

放学回家，肚子饿得咕咕叫的你，闻到大米饭香喷喷的味道，是不是马上食欲大开？忙着填饱肚子的时候，你有没有想过这样一个问题：农田里的水稻，最初是从哪里来的？

香喷喷的米饭

古人会把很多事情记在书里，我们先在古籍里找找答案吧。

你看，早在 2500 多年前的《诗经》里，就有关于水稻的记载：“滮（biāo）池北流，浸彼稻田。”

除了文字记载以外，有没有什么实物证据，让我们可以追寻古老稻子的踪迹呢？

有！20 世纪 90 年代，考古学家在我国浙江余姚的河姆渡遗址中发现了碳化稻粒——它们的历史大约有 6700 年。随着考古工作的推进，考古学家在河南贾湖遗址（距今 9000 ～ 7500 年）、浙江上山遗址（距今 1.1 万～ 8500 年）、湖南玉蟾岩遗址（距今 1.2 万多年）、江西万年仙人洞遗址（距今 1.4 万多年）也都发现了碳化稻粒。

小贴士

稻谷的主要成分是淀粉，它们遇到火后会膨胀爆裂，变成只含碳的焦黑颗粒。这个过程就是碳化，也称炭化、焦化。碳化的稻粒不会腐烂，能历经千百年留存至今。

水稻可不是天生就像现在这样“完美”。

原来，我们的祖先早在原始社会就开始种植水稻了。可是，他们最初种植的水稻又是从哪里来的呢？

植物学家和农业科学家也很想弄清楚这个问题。他们做了大量的调查和科学实验，最后证明水稻是先民一点点从野生稻中驯化出来的。

先民为什么会费心费力地驯化野生稻呢？这是因为，野生稻的种子（稻粒）无毒、无异味、数量多，适合用来作为食物，而且一代又一代的野生稻，它们的种子都能保持这些特点。但最开始的时候，野生稻的种子成熟后会自然脱落，先民想要大量采集稻粒非常困难。
这也太难收集了！

那么，怎样才能获得稻粒不容易脱落的野生稻呢？

值得庆幸的是，野生稻在繁殖的过程中会发生自然变异。虽然到底什么时候会变异、会变成什么样都是不确定的，但在机缘巧合下，有几株野生稻体内控制落粒的基因悄悄地发生了变异，使得成熟后原本容易脱落的稻粒变得不容易脱落了。

先民偶然发现了这些变异的野生稻，就把它们的种子保留下来，来年再播种、栽培。一代又一代，经过多年的人工选择，野生稻就被驯化成了更合人心意的水稻。

小贴士

生物在演化过程中会发生变异，就是出现不同于上一代的特点，而有些特点对人类是有利的。比如，种子不容易落粒、果实更甜，等等。在栽培植物和饲养动物时，人类会挑选特点对自己有利的个体继续培育，使这些特点不断累积、不断加强，这个过程就叫人工选择。

那么，野生稻最开始是在什么地方被先民发现的呢？

这个问题的答案至今争论不休。过去，在很长一段时间里，科学家们曾普遍认为水稻种植的起源地在印度。不过，有一个人一直据理力争，提出水稻的起源地在中国。这个人，就是被称为“中国稻作之父”的丁颖院士。

我国海南的野生稻

丁颖院士是中国稻作学的主要奠基人，被周恩来总理誉为“中国人民优秀的农业科学家”。

1926 年，丁颖偶然在广东省广州市郊发现了野生稻，从此对水稻起源问题产生了极大的兴趣。根据古籍记载和出土的碳化稻粒等遗踪，他开始从历史学、语言学、古生物学、人类学、植物学，以及不同稻种的地理分布等方面进行系统的考察研究，像个科学大侦探一样，要弄清楚水稻起源地的真相。

发表文章不是为了追求名位，而是要对科学负责。

1938 年，日军侵占广州，丁颖为了不中断研究，冒着生命危险保护重要的稻种。经过 20 多年夜以继日的钻研，他终于在新中国成立前夕写成了《中国栽培稻种的起源及其演变》一书，列举了很多令人信服的证据，证明中国栽培稻比印度的更早，中国稻种不可能来自印度，而是源于中国南部地区的野生稻。他还得出结论：中国是世界稻种传播中心之一。

我要以“蚂蚁爬行”的方式，苦干到 150 岁。

出生自农家的丁颖，对农民、对土地、对农学专业一直保持着无限的热爱。即使年纪越来越大，他也坚持深入一线调查研究，亲自带队考察稻区。1949 年新中国成立后，丁颖的研究工作受到了国际同行的关注，不少学者开始承认，水稻的确起源于中国。

如今，有越来越多的生物学研究证明了中国才是水稻种植的正宗起源地。2011 年，美国斯坦福大学、纽约大学、普渡大学等机构的联合研究成果证明：人类在 1.2 万年前开始种植野生稻，而人类驯化野生稻的过程发生在 1 万年前的中国长江流域。

2018 年，由中国科学家主导的论文在《自然》杂志上发表，进一步证实了这个观点，还罕见地让“籼”和“粳”两个汉字以文本形式出现在这本顶级期刊上，以这种方式告诉全世界——中国是水稻的起源地。这让我们中国人感到无比自豪。

说了这么多，你可能很好奇，科学家为什么要如此费劲地去弄清楚一种农作物的起源呢？

原来，通过研究农作物的起源，人们可以掌握这种农作物的很多遗传信息，为“农作物大家族”建立宝贵的种质库和基因库。科学家改良农作物品种、选育新品种的时候，就可以从里面挑选有用的种子来使用了。

绝大多数农作物都是由野生植物驯化而来的。除了水稻以外，我们常见的粮食作物还有谷子、小麦、大豆、玉米等，它们又分别来自哪里呢？

科学家们利用多学科相结合的研究方法，发现谷子、大豆的起源地都在中国，小麦起源于亚洲西部地区及地中海东部沿岸地区，玉米则来自墨西哥。

一条大河波浪宽，风吹稻花香两岸……

长江边的大片稻田

那么，在古时候，其他国家和地区的农作物是怎么来到我国的呢？

农作物虽然自己不会远行，但它们的种子会随着人类的迁徙、战争、贸易等，被带到世界各地。

张骞通西域的故事你听说过吧？汉武帝派张骞出使西域各国，以张骞为代表的使者们由此开拓了往来西域的通路。循着这条通路，很多种农作物陆续传入我国，比如蚕豆、豌豆、绿豆等豆科作物，黄瓜、大蒜、胡萝卜等蔬菜，石榴、葡萄、苹果等水果，芝麻、红花、胡椒等经济作物。

如今我们能吃到种类繁多的食物，真要谢谢当年千里迢迢把它们带到我国的古人呢。

为什么杂交水稻
被称为"东方魔稻"?
杂种优势

哇，金黄的稻田好美啊！

又是一年水稻成熟的季节，当你闻着稻香走在田埂边的时候，低头去看结满稻粒的稻穗，会不会想到这样的问题——现在水稻产量这么高，科学家是怎么培育出这么优良的水稻品种的呢？

你看到的这种水稻，被称为“东方魔稻”，它是由我国科学家培育出来的。可别小瞧这种水稻，它在解决我国人口温饱问题中发挥了巨大的作用。

我国有 1 万多年的水稻种植历史，可是长久以来，人们虽然精耕细作，水稻产量却一直不太高。20 世纪六七十年代，水稻平均亩产不足 300 千克，根本没法满足人们的需求。

后来，全国水稻育种科学家共同努力，特别是袁隆平院士带领团队经过多年的科研攻关，选育出了一批批根系发达、长势旺盛、适应能力强、穗更大、粒更多的高产优质杂交水稻品种，才逐步解决了我国的水稻增产问题。

值得敬佩的是，如此先进的科学技术，袁隆平院士及团队并没有“私藏”，他们通过无偿援助、科研合作、对外贸易等形式，将它推广到美国、东南亚、非洲等国家和地区，大大缓解了全球粮食短缺的危机，为世界粮食安全做出重要贡献。可以说，袁隆平院士用一粒种子改变了世界。因此，人们把他誉为“杂交水稻之父”，把中国的杂交水稻称为“东方魔稻”。

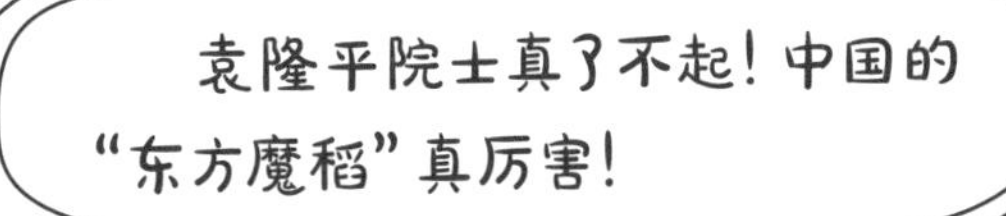

袁隆平院士真了不起！中国的“东方魔稻”真厉害！

是啊。早在 20 世纪 20 年代，美国和日本等发达国家的科学家就开始培育杂交水稻，但是一直没成功。从 20 世纪 60 年代起，袁隆平瞄准了这个世界难题，开始了杂交水稻的研究。他坚信：外国人没有搞成功的，中国人不一定就不能成功。

100 次试验中有一次成功就很好了。

要培育杂交水稻，首先得找到可以杂交的优质水稻，也就是杂交水稻的“爸爸妈妈”。它们必须是两种不同的水稻，而且具有不同的优良特性。这样它们结合后产生的后代，即杂交水稻，就有可能把“爸爸妈妈”各自身上的优良特性集于一身，并表现出比“爸爸妈妈”更优秀的特性。在生物学上，这叫作“杂种优势”。

可是，单独的“爸爸”或“妈妈”并不好找。因为水稻是自花授粉植物，一朵花里既有雌蕊，也有雄蕊。开花之初，雄蕊上的花粉落到同一朵花的雌蕊柱头上，完成授粉后，就会慢慢结出种子（稻粒）。也就是说，水稻是雌雄同体的植株，可以既当“爸爸”，又当“妈妈”。

这就是人们说的又当爹又当妈吗？

怎么实现水稻杂交呢？

袁隆平想：要杂交，就得找到一株有“生育问题”的水稻，也就是说，它只能当“妈妈”，然后找另外的“爸爸”来给它授粉，完成杂交，培育出后代。

经过不懈努力，多方寻找，1964 年，袁隆平终于从洞庭早籼和胜利籼等品种的

小贴士

像这种有“生育问题”的水稻，在科学上叫水稻雄性不育系，就是说，它们的雌蕊发育正常，但雄蕊发育不完善，不能形成正常的花粉，因此不能自身繁殖，需要借助其他水稻的花粉完成授粉，才能结出种子。

常规水稻中发现了雄性不育株。不过，由于亲缘关系太近，这些雄性不育株与常规水稻杂交，并没有形成理想的杂交水稻。袁隆平意识到，必须在与常规水稻亲缘关系更远的野生稻中寻找雄性不育株！

1970 年，他的合作者李必湖从海南普通野生稻中，找到了花粉不能正常发育的雄性不育株。接着，他们用杂交的方法，将这些野生稻的雄性不育性状转到常规水稻品种中，终于培育出了水稻雄性不育系，也就是杂交水稻“妈妈”——母水稻。

有了母水稻，就该到试验田里去试种了。袁隆平将母水稻与性状优良的水稻恢复系按一定比例种植在试验田里。

到了开花的时候，那些性状优良的水稻恢复系作为“爸爸”，把花粉传到母水稻的雌蕊上，这样结出的种子就是杂种种子。由于杂种优势的存在，用杂种种子种出的水稻，产量提高了 20% 以上。

这真是鼓舞人心！

小贴士

像水稻恢复系也叫雄性不育恢复系，它的雌蕊和雄蕊均发育正常，由于携带着雄性不育恢复基因，它的花粉传到雄性不育系的雌蕊柱头后，产生的杂种后代具有发育正常的雌蕊和雄蕊，能正常结出种子。

你的爸爸妈妈简直是万里挑一呀！
杂交水稻
普通水稻

取得了巨大突破后，袁隆平没有停下脚步。他带领着团队陆续又攻克了很多难关。到了 1974 年，杂交水稻试验田的亩产量高达 628 千克，比普通水稻亩产量高出了近 1 倍！

我国是世界上第一个大面积种植杂交水稻的国家。如今，经过科学家们的不断努力，杂交水稻的最高亩产量已经超过了 1000 千克。我国杂交水稻的研究水平已经处于国际领先水平。

小贴士

杂种优势是指不同性状的两个个体，它们杂交的第一代，在一个或多个性状上优于“爸爸妈妈”的现象。这就像爸爸妈妈生了你，而在某些方面你比他们都优秀，比如个头儿比他们高。

早在 1400 多年前，我国的《齐民要术》一书就有关于杂种优势的记载：将马与驴配种杂交，生出的骡子比马和驴都更壮实、更健康，拉磨耕地的能力也更强，表现出很强的杂种优势。

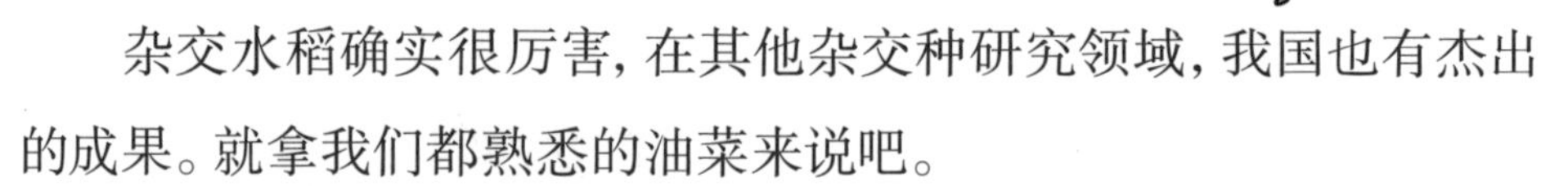

杂交水稻确实很厉害，在其他杂交种研究领域，我国也有杰出的成果。就拿我们都熟悉的油菜来说吧。

在杂交油菜研究上，有一位科学家的贡献和袁隆平院士在杂交水稻上的贡献相似，这位科学家就是傅廷栋院士。

傅廷栋院士一直有一个梦想：用优质的国产植物油装满中国人的油瓶子，降低我国食用植物油对进口的依赖。

在这个梦想的引领下，傅廷栋院士以培育杂交油菜为目标，十几年如一日地寻找母油菜。终于，在1972年，他从一种名为波里马的油菜品种中，发现了雄性不育株（这是世界上首次哦），并培育出国际上“第一个有实用价值的波里马雄性不育类型”。此后，这种不育类型被国内外广泛应用于油菜育种。不仅我们中国科学家为这个重要发现欢欣鼓舞，国外专家也说：“波里马雄性不育类型的发现，为杂交油菜实用化铺平了道路。”

之后，更多的科学家投身到油菜育种研究上来，不断取得新成果。例如，1985年，陕西省杂交油菜研究中心的李殿荣研究员，培育出了国际上第一个油菜种植杂交种“秦油杂2号”。

我国成为世界上第一个大面积种植杂交油菜的国家。2010 年以后，优质杂交种已占全国油菜种植总面积的 70%。

此外，我国科学家还培育了杂交小麦、杂交玉米、杂交谷子和杂交大豆等许多优良农作物新品种，为我国的粮食安全做出了巨大贡献。

人们对生物杂种优势的利用已有上千年的历史，它的机理是什么呢？科学家们虽然提出了很多猜想和假说，但至今仍然没有完善的答案。这个问题就留给你们这些未来科学家来解决吧，希望你们能在农业科学的广袤领域里接续探索，有更多的发现哦！

为什么有些
大米饭更好吃？

我们现在不会再为大米饭不够吃发愁了，而是更在意大米饭好不好吃。抱着一碗香味和口感俱佳的大米饭狼吞虎咽，那感觉别提多棒了！

大米饭好不好吃，除了跟煮米饭的方式有关，还跟稻米的品种有关。稻米一般有籼米、粳米、糯米之分。

籼米，又叫长米、南米，米粒细长，米色较白。

糯米，又叫江米，米粒有细长的，也有椭圆形的。

粳米又叫粳粟米，米粒呈椭圆形，按照收获季节的不同，又有早粳米和晚粳米之分。

稻米的主要营养成分是淀粉。科学家研究发现，从分子结构上来说，淀粉可以分为直链淀粉和支链淀粉。

煮熟的大米，是偏硬还是偏软糯，就是由所含两种淀粉的比例来决定的。米粒的直链淀粉含量、黏性大小和香味，都与大米饭的食用品质密切相关。

籼米中直链淀粉含量最高，米粒黏性小，煮出来的米饭偏硬。粳米中直链淀粉含量稍低一些，米粒黏性小，煮出来的米饭较软。糯米中直链淀粉含量非常低，支链淀粉含量高达99%，所以煮出来的米饭特别黏稠。

不同地区的人分别喜欢吃哪种米?

一般来说，北方和江浙地区的人多喜欢吃粳米。江浙地区之外的南方人，特别是广东、广西、福建等地的人多喜欢吃籼米。

糯米嘛，南方人、北方人都爱吃。尤其到了端午节的时候，人们会用粽叶包裹糯米，做成粽子。粽子里面可以添加红枣、蜜枣、红豆等馅料，咬上一口，香甜软糯，真是太好吃了！在南方，人们还喜欢在粽子里添加鲜肉、香肠、火腿等馅料，淡淡的米香夹带着咸咸的肉香，别有一番滋味。

说了这么多，你是不是有点儿流口水啦？

流口水，说明你回想起了大米饭吃到嘴里的口感。那么，大米饭的口感又跟什么有关呢？

这就要说说大米的储存时间了。因为同样品种的稻米、同样的煮饭方式，如果稻米储存时间不同，煮出来的大米饭口感也会不一样。稻米储存的时间长了就是陈米。用陈米做出来的米饭，不仅色泽不好、黏度低，也没有嚼劲，没有一点儿米香味。

另外，储存大米的方法也会影响大米饭的口感。买回来的大米，随便在常温下放着，时间长了，就有可能生虫。被虫子蛀蚀后，米粒会变碎，就算把虫子弄干净，煮出来的大米饭口感也不好。

这些小家伙就是米象

奇怪，买回来的大米干干净净的，没看见有虫子呀，难道它们有孙悟空那样的本领，凭空从米粒里蹦出来吗?

当然不是，它们其实“潜伏”在我们难以注意到的地方。

稻米还在田间地头的时候，其中一部分就有可能携带了虫卵，即便后来经过了很多道加工，虫卵依然“潜伏”在米里。等到外界环境合适，它们就会孵化成虫子。大米给它们提供了充足的营养，很快，虫子就会长大，然后繁殖出更多的虫子。

另外，如果家里存放大米的地方不卫生，大米也容易生虫。

小贴士

大米里常见的虫子有哪些呢?

最常见的米虫是一种黑色小甲虫，叫米象。它们个头儿不大，可繁殖力惊人——一年能繁殖 8 代，一次能产 500 多枚卵。所以，米象对于大米的危害是很大的。

还有一种米虫，叫印度谷螟，是一种小型蛾子，体长 5 ~ 9 毫米，会蛀蚀各种粮食。不过，危害粮食的不是成年印度谷螟，而是它们的幼虫。印度谷螟一年可繁殖 6 代，每次可产 150 多枚卵。虽然印度谷螟的繁殖能力不如米象，但是幼虫的生命力极强。在环境不适合的情况下，幼虫会停止发育。等环境变好，它们又会继续发育。

那么，应该怎样储存大米呢？

买回来的大米，如果不多，你可以扎紧袋口，放在冰箱的冷冻室里。因为大米在低温环境下可以保持新鲜。

如果大米很多，你可以把一部分放进塑料瓶中，随吃随取，剩下的可以分成若干份，分装在小袋子里，抽真空，放在阴凉处储存。

你也可以在大米中放一些花椒、大蒜，或者把储存大米的容器浸在花椒水里泡一下，晾干后再装米。花椒、大蒜的刺激性气味，能起到驱虫的作用。

小贴士

市场上有黑米、紫米、红米，这些米是用白米染出来的吗？

不是的。

黑米是一种种皮富集黑色花色苷的稻米，营养丰富，药食兼用，有着“黑珍珠”和“世界米中之王”的美誉。目前，我国黑米稻种质资源占全球的90% 以上。

紫米因种皮有薄薄一层紫色物质而呈紫黑色，以糯米型为主，吃起来味道香甜软糯。它有很好的滋补作用，被人们称为“补血米”“长寿米”。

红米是一种接近于野生稻的禾本科杂草稻。它的米粒呈棕红色，微有酸味，味淡，富含维生素、花青素及生物碱等生物活性物质，以及硒、锌等多种矿质元素，食药一体。

我们能吃到种类多样、营养丰富、口感很好的大米饭，当然也离不开科学家辛苦的付出呢。

如果稻米的品质不够好，煮出来的米饭也不好吃。为了提高稻米的品质，让人们既能吃得饱，更能吃得好、吃得健康，我国科学家经过几代人的努力，不断研发和应用先进育种技术，在水稻育种上取得了巨大的成果。

有一个与“吃”有关的科学研究成果登上了我国科技的最高领奖台。

中国科学院李家洋院士带领的团队，多年致力研究提高水稻的产量和品质，努力培育出了高产量、高品质的水稻新品种。

几十年来，李家洋院士常常带着团队“泡”在稻田里，卷着裤腿弯着腰，任凭汗水浸透衣衫，只为育出一粒粒好种子。

大米的种类多种多样

他们从基础研究入手，通过不断努力，找到了控制产量、品质的关键基因。这些优良基因就像一个个积木块，通过“搭积木”的方式，将它们集中到同一个水稻品种中，就培育出了更能适应环境、更强壮、高产又优质的水稻新品种，成功解决了水稻育种中高产与品质难以兼顾的难题。

2018 年，李家洋院士带领的团队荣获了国家自然科学奖一等奖，以表彰他们为水稻品质育种做出的重要贡献。

如今，中国的杂交水稻取得了巨大成功，种植面积和产量都处于世界首位。未来，相信我国科学家还会培育出更多更好的水稻品种。也许，未来研究农作物育种的科学家中，也有你的身影呢。

小贴士

什么是基因？研究表明，基因是控制生物特性的基本遗传单位。人类的长相、动物的习性、花朵的颜色、树木的高矮、农作物抵抗病害的能力等，都是由相应的基因来决定的。基因存在于所有生物体中，生物体的生老病死等一切生命现象都与基因有关。

氧气
淀粉
叶绿体
植物生长的“魔法”是什么？
支援
支援
支援

春天来了，看着农田里人们忙碌的身影，你可能会随口背出这句诗：“春种一粒粟，秋收万颗子。”

那么，你有没有想过这样一个问题：一粒小小的种子，怎么能变出那么多粮食呢？

其实，早在400年前，有些人就思考过这个问题。很早的时候，有学者认为，植物不断生长，重量也不断增加，增加的那部分，应该就是植物吸收的水。

你肯定会抢着回答：不能。的确，我们都知道，种庄稼很辛苦，要播种、浇水、松土、施肥、除杂草……付出很多辛勤的劳动，庄稼才能长得好，一粒种子才有可能变成很多粮食。

那么，植物生长的“魔法”到底是什么呢？

为了破解植物生长的“魔法”，科学家们做了大量科学实验，经过100多年的不断研究，终于在1771年发现了绿色植物的光合作用。原来，绿色植物在光的照射下，会通过气孔吸收二氧化碳，放出氧气。

1804 年，一位科学家通过实验，证明水也参与了绿色植物的光合作用。

那么，除了二氧化碳和水，还有什么参与了光合作用？光合作用的产物除了氧气，还有什么呢？

又经历了 60 年的科学研究，1864 年，一位德国学者观测到叶片里有一个小小的“化工厂”。

原来，叶片细胞中有一种叫作叶绿体的结构，在光照的作用下，叶绿体中竟然有糖和淀粉的积累。要知道，它们都是植物生长离不开的营养物质。

哇，原来光合作用就是植物生长的“魔法”！

后来，科学家进一步研究发现，光合作用发生的场所是叶绿体，原料是二氧化碳和水（它们都属于无机物），能源是阳光，产物是氧气和碳水化合物（糖或淀粉）等有机物，正是这些有机物构成了植物的躯体。

你看，这样的科学发现是多么不容易啊！科学家们花费了很多年的时间，才对光合作用有了一个初步的认识，知道了光合作用的基本原理。

光合作用真是太神奇了，它是地球上最重要的化学反应，对生物界和农业生产具有重大作用。可以说，拥有叶绿体的众多绿色植物，是世界上最庞大的绿色化工厂，它们从种子萌发开始，依靠光合作用，使根、茎、叶不断生长，直到开花、结果，最后形成多种多样的种子。这些植物的产物，一部分作为农产品，满足了我们的需要。

你可能想不到，科学家发现，农作物的干物质有90%～95%都来自光合作用。因此，提高农作物的光合作用效率，是获得农业丰收的关键所在。

在60～90摄氏度的恒温下，植物充分干燥后，剩下的东西就叫干物质。干物质的重量是衡量植物体内有机物积累、营养成分多少的一项重要指标。

怎样提高农作物的光合作用效率呢？

经过多年研究，科学家们找到了一些好办法。你可能也想到了，要提高农作物的光合作用效率，当然要让农作物多一些。对，这的确是一个好办法，科学家们把这种方法叫作合理密植，就是在种植农作物的时候，行与行之间、株与株之间，距离都要合理，密度要适当。这样，每株农作物都能充分接受阳光，有利于光合作用的发生。

顺着这个思路，你可能会想，还有一个好办法，就是让农作物多晒太阳。光合作用的能源的确是阳光，那么，是不是阳光越充足越有利于农作物的生长呢？

不是的。科学家们研究发现，有些农作物属于阳生植物，比如水稻、玉米、向日葵等，它们进行光合作用时需要较强的光照，也就是说，想让它们长得好，就要把它们种在阳光充足的地方；有些农作物属于阴生植物，比如胡椒、人参，它们进行光合作用时不需要太强的光照，想让它们长得好，就要把它们种植在光照不太强的地方。

科学家们还发现，不同颜色的光对农作物光合作用有不同的影响。在能量相等的情况下，红光和蓝紫光有利于提高绿色植物的光合作用效率，而黄绿光不利于提高光合作用效率。而且，不同颜色的光对光合作用产物的成分也有影响：在蓝紫光照射下，光合作用产物中蛋白质和脂肪的含量较多；在红光照射下，光合作用产物中糖类的含量较多。所以，人们可以用不同颜色的光进行人工光照，或者用不同颜色的塑料薄膜搭建大棚，来调节农作物生产。

还有什么会影响光合作用效率呢?

对了，是二氧化碳，因为它是光合作用的原料嘛。但是，二氧化碳的浓度越高越好吗?

也不是。科学家们发现，二氧化碳到了一定浓度以后，再给农作物“吸”更多的二氧化碳，光合作用效率反而降低了。所以，种植农作物的时候，可以使用二氧化碳发生器，让二氧化碳保持合适的浓度，这样有助于提高农作物的光合作用效率。

还有一点你可能没想到，就是合理施肥。因为光合作用中，糖和淀粉的积累还需要氮、磷、钾等矿质元素，所以，种植农作物时合理施肥，也有利于提高农作物的光合作用效率。

以上这些好办法，已经在农业生产中被广泛使用了。还有什么其他好办法呢?

随着农业科技的发展，科学家们研究发现了更多的好办法。长期以来，我国科学家在光合作用研究中取得了很多重大突破。我们就来说说提高水稻光合作用效率方面取得的成果吧。

中国科学院沈允钢院士，被誉为“光合巨擘”。他的老师是光合作用研究先驱殷宏章院士。

刚刚参加研究工作时，沈允钢对农作物的光合作用没有太大兴趣。在殷宏章院士的鼓励和指导下，他去往农业试验站，分析水稻开花后籽粒中的干物质。经过测定，他发现水稻开花后，光合作用对水稻的产量有很大影响——稻粒中三分之二以上的干物质，都是依靠谷粒乳熟期（禾本科作物籽粒灌浆充实的第一阶段）的光合作用制造出来的。打这时起，沈允钢深刻意识到了光合作用的重要性，并开始对这个充满未知的研究领域深深着迷。

后来的几十年里，沈允钢一直带领团队致力研究光合作用机理与农业的关系。在科学技术还不够发达的时候，他们创立了“田间取样气流法”，就是在田间用塑料袋收集气体样本，带回实验室进行分析，以测定农作物的光合速率。

他们还发现，植物叶片有“午睡”的现象：每到中午，叶片的光合作用会降低，因为这时空气湿度较低、温度较高，不利于叶片吸收二氧化碳。

只要精力允许，
我就要为我的祖国
服务。

于是，在小麦通过光合作用产生淀粉的重要生长期，沈允钢尝试中午进行喷雾处理，提高空气湿度和叶片含水量，从而增强叶片对二氧化碳的吸收，这果然达到了让小麦明显增产的效果。

除此之外，沈允钢院士还带着团队取得了很多研究成果。他曾说，科研是一个“去粗存精、去伪存真、由此及彼、由表及里”的探索过程，一个科学工作者要不断探索未知、开拓创新，不能亦步亦趋。如今，已经 90 多岁的沈允钢院士，仍在思考如何将光合作用机理应用到农业上，提高农作物的产量，从而为国家做出新的贡献。

同样热衷于研究光合作用的，还有中国科学院大学傅向东教授。他带领研究团队，进行了更“深入”的研究，发现了控制水稻产量的关键基因。他们利用先进的基因技术来增强水稻的光合作用，实现了水稻增产。

你看，科学家们从不同方向搞研究，都找到了提高农作物光合作用效率的好办法，是不是很了不起呀？你如果也想像他们一样棒，在科学研究领域大显身手，那么，从现在开始，就努力学习多方面的科学知识吧！

农作物也要
吃“营养餐”？

俗话说，“人是铁，饭是钢，一顿不吃饿得慌”。我们每天都要吃饭，这样才能获得身体所需的能量和营养。那么，农作物需不需要“吃饭”呢？

它们当然也要“吃饭”啦，因为农作物不断生长发育，也需要各种营养。可是，土壤中所含的营养元素通常不能满足农作物的生长需求。那农作物怎样才能获得足够的营养元素呢？这就需要给它们提供“营养餐”。

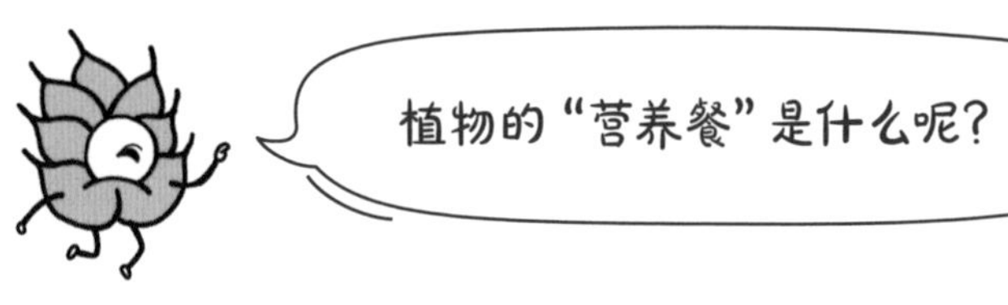

肥料就是人们专门为农作物精心制作的“营养餐”。我们需要补充钙、铁、锌、硒等微量元素，而农作物主要需要补充氮、磷、钾等元素。尿素（含有氮）、过磷酸钙及氯化钾都是农作物常吃的“营养餐”。种植农作物时，合理使用有机肥、复合肥等肥料，可以使农作物的产量增加不少。“粮多粮少在于肥”“春肥满筐，秋谷满仓”等农谚形象地说明了肥料的重要作用。

为了让农作物吸收更多营养，长得又快又好，农民很想多给它们一些“营养餐”。那么，给农作物施肥是不是量越多越好呢？

不！答案是否定的。就像我们吃得太多会积食一样，当施肥量过多，超出农作物的吸收能力时，不仅不利于农作物生长，反而会对它们有害呢。比如，过量使用氮肥会造成农作物徒长（茎叶生长过旺）、倒伏（植株倾斜或倒在地上）、对病虫害的抵抗力降低；过量使用磷肥会使农作物的呼吸作用过于旺盛，让农作物体内储存的能量快速消耗掉；过量使用钾肥则会让农作物患上叶菜腐心病等病害。

更麻烦的是，过量施肥还会破坏耕地，导致环境污染。目前，我国的化肥利用率只有 35% 左右，多余的化肥会以渗透、流失、挥发等方式损失掉。渗透进耕地的化肥会使土壤酸化、板结，长此以往，良田就会变成荒地。而且土壤能够留住的肥量是有限的，流失的化肥会随着雨水流进江河湖海，造成水体污染。当水中的营养物质过多时，一些水藻会疯狂“进餐”，放肆生长，像毯子一样铺满水面。阳光和氧气会被这层“毯子”挡住，导致水下的生物生长不良甚至死亡。生活在周边的人和动物长期饮用被化肥污染的水，身体健康也会受到影响，甚至会危及生命。

看来，给农作物喂“营养餐”还真不能贪多。那么，有没有什么法子让农作物少吃肥料多打粮呢？这就要表扬能自己弄到肥料的豆科植物啦！

很多人可能不知道，有些豆科植物的根上会长“瘤子”。这可不是因为生病，而是豆科植物长期演化出来的生存本领。它们“没吃饱”的时候，根上就会长出根瘤。这是一种球状或长棒状的类似瘤子的结构，是“固氮小精灵”——根瘤菌居住的地方。

小贴士

化肥利用率低，是因为农民没有完全按照农作物的需求来施肥。各种农作物在不同生长时期对营养元素有不同的需求，农民按需施肥效果才会好。我国正在大力推动智慧农业的发展。如果能实时地进行田间监测，及时知道农作物需要补充哪种营养及所需的量，再精准投喂“营养餐”，就可以既让农作物吃得饱、吃得好，也不会污染环境啦！

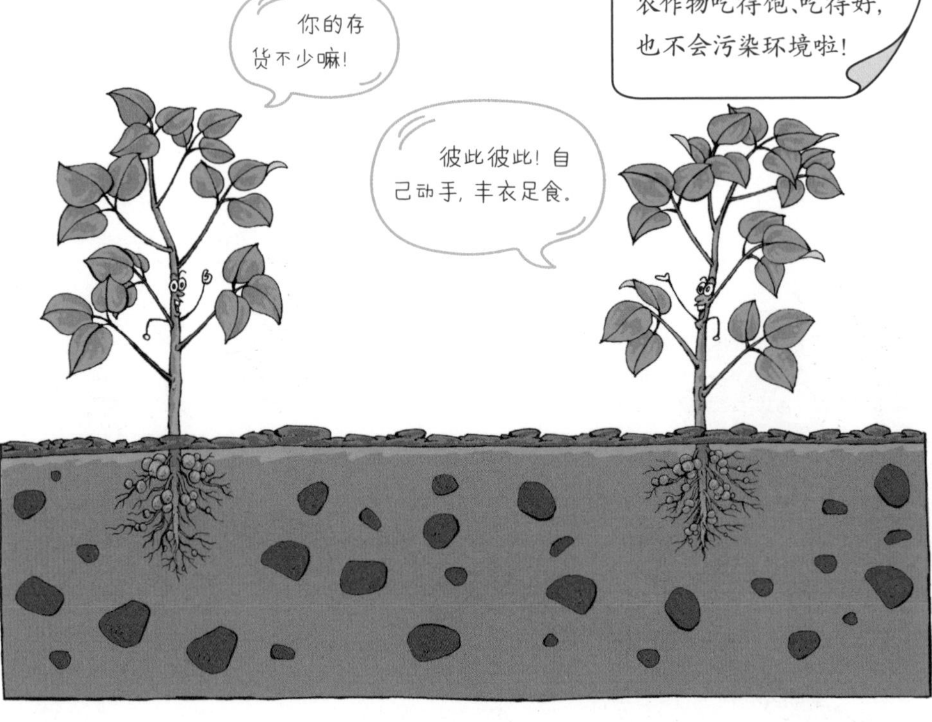

你的存货不少嘛！
彼此彼此！自己动手，丰衣足食。

根瘤菌是一种能够固氮的细菌。它们喜欢在豆科植物的根部安家落户，因为豆科植物的根部会分泌一些营养分给它们吃。“吃饱喝足”的根瘤菌也会礼尚往来，开始大量繁殖，逐渐在豆科植物根部形成一个一个的“瘤子”，长期“住”下来，并用自己的“魔法”把空气中的氮气加工成豆科植物需要的氮素营养。这就是自然界中著名的“共生固氮”现象。

小贴士

空气中约 78% 都是氮气，可需要氮的植物没法直接吸收空气中的氮气。一些微生物能把空气中的氮转化成含氮的有机物，供植物吸收和利用，这个过程就叫固氮。

该怎么利用根瘤菌呢？

如果能好好利用根瘤菌，就能有效帮助农作物健康成长。为了更多地了解根瘤菌，弄清楚它们固氮的秘密，我国科学家付出了很多努力。

花生根部的“小瘤子”

我国著名科学家陈华癸院士和他的学生陈文新院士一生都在研究根瘤菌。他们是我国现代根瘤菌分类学的开拓者。

陈文新院士从小勤奋好学，很早就树立了科学报国的理想。

后来，在导师陈华癸院士的鼓励下，陈文新院士坚定地选择了搜寻根瘤菌这一冷门专业，踏上了一条艰辛又耗时的研究之路。

多年来，她带领科研人员鉴定保藏了近2万株根瘤菌，建成了世界上最大的根瘤菌种资源库和数据库，这令我国的根瘤菌分类研究在世界上赫赫有名。

小贴士

陈华癸院士是著名的微生物学家，致力结合农业生产、土壤肥力、微生物生活等多方面内容进行研究。他首次阐明了根瘤组织的大小和持续时间对共生固氮效果有怎样的影响，为其他科学家继续研究根瘤菌奠定了重要基础。

陈文新院士是土壤微生物及细菌分类学家。她确立了一套科学的根瘤菌分类、鉴定技术方法及数据处理程序，数十年到处采集根瘤菌，让这种微生物为人类做出了更多贡献。

其他农作物肯定很羡慕豆科植物。

豆科植物有根瘤菌相助，就像拥有专属天然“氮肥厂”。那么，它们在获得了足够的氮素营养后，能不能把多余的营养分享给其他植物呢？

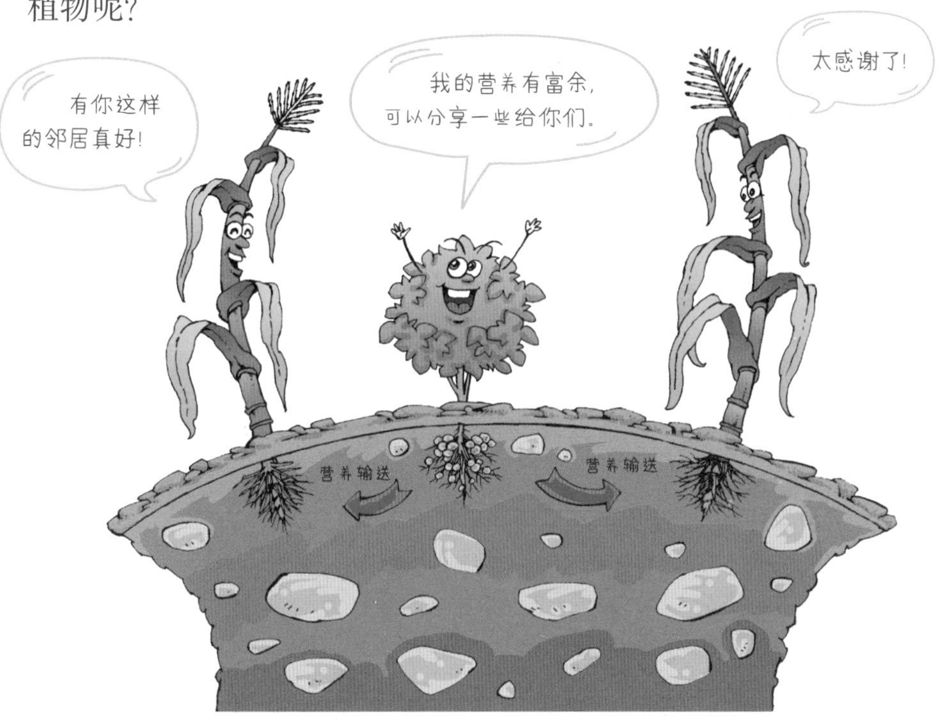

豆科植物很大方，自己享受了“固氮小精灵”给予的营养后，还会把这些营养分给邻居植物或者暂存在土壤中。根据这种情况，四川农业大学的杨文钰教授等科学家想到了一个大豆－玉米复合种植的好法子。他们找到了耐阴的大豆和适合密植的玉米新品种，将它们种植在一起，并把大豆和玉米的间距略微加宽。

这样一来，高个子玉米能给大豆“让”出一些阳光，而大豆根瘤里的“小精灵”也能悠然地在地下固氮。两个好邻居互惠互利，实现了玉米和大豆双丰收！

古语有云：“授人以鱼，不如授人以渔。”能不能让豆科植物直接把根瘤菌送给其他植物呢？

让玉米、小麦、水稻等农作物也能邀请到根瘤菌，建立自己的“氮肥厂”，这可是很多科学家的梦想。但很可惜，现在科学家们还没有完全搞清楚，为什么其他植物无法获得豆科植物的这种“特异功能”。不过，我国科研人员已经破解了大豆和苜蓿等豆科作物如何与根瘤菌相互识别、形成根瘤等重大难题，正在利用生物技术培育能结瘤固氮的水稻、玉米等作物。

别羡慕我，说不定以后你也能固氮啦！
豆

破解共生固氮奥秘，创造非豆科作物固氮奇迹，我国科学家正朝着这个目标不断努力。也许用不了多久，更多能与根瘤菌结合的农作物就会一个接一个诞生啦！

怎么让农作物
不生病呢?

“阿嚏！”感冒了，好难受啊！

你肯定也生过病。有的病不严重，不用打针吃药也能好；有的病就没有那么好对付了，甚至要住院才能治好呢。

那你有没有想过这样一个问题：我们会生病，植物会不会生病呢？

生病的玉米

小贴士

如果气温、水分等环境条件不适宜，植物也有可能生病。另外，如果植物已经被有害微生物侵扰，高温、多雨等天气可能会让植物的病情更加严重。

植物像我们一样，也是会生病的。害它们生病的，主要是细菌、真菌、病毒等微生物。这些家伙会偷偷侵入植物“身体”，夺取植物的营养，干扰植物正常生长。不幸被这些有害微生物感染的植物，可能会叶片变色、“身体”畸形，甚至枯萎死亡。

我们如果得了流行性感冒等传染病，会传染给其他人，植物得的一些病也会传染。许许多多的植物生长在一起，要是其中一些得了传染病，其他植物没法躲、没法逃，只能一起“共患难”。

如果重要的农作物得了传染病，那岂不是糟糕了?

可不是嘛。农作物集体生病了，产量就会大大降低。不仅农民白白辛苦劳作，很多人还会因此饿肚子呢。

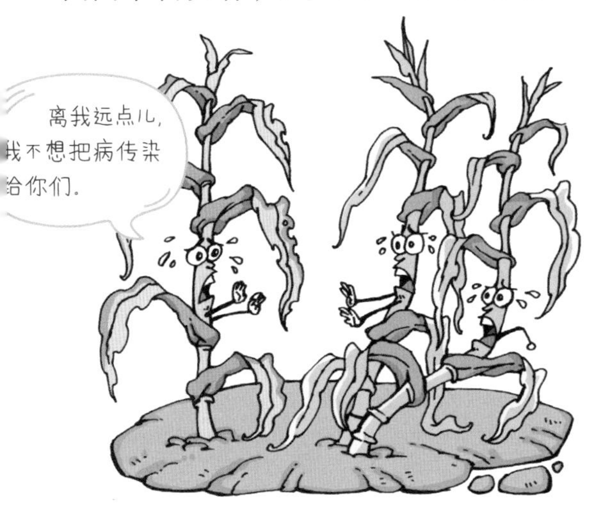

小贴士

马铃薯晚疫病是由致病疫霉引起，导致马铃薯茎叶死亡和块茎腐烂的一种毁灭性真菌病害。这种病会让马铃薯大幅减产，甚至绝收。

这可不是夸大其词，就像鼠疫、霍乱等瘟疫一样，农作物的重大病害甚至会改写人类发展史呢。

比如，19 世纪中期，爱尔兰暴发了一场可怕的马铃薯晚疫病，造成了严重饥荒。大约 100 万人在饥饿中可怜地死去；约 200 万人无法忍受饥饿，逃到了其他国家，形成了 19 世纪世界上规模最大的移民潮。

据联合国粮食及农业组织测算，目前，全球每年的粮食产量会因病虫害减少 20% ～ 40%。农作物生病的后果这么严重，那有没有什么办法让它们不生病呢？

喷洒农药无法一劳永逸

比较传统的办法，就是使用农药。可是，我们已经知道，农药使用得太多，不仅会污染环境，还会因农药残留等危害我们人类和其他生物的健康。

而且，有害微生物可不会乖乖地等着被消灭。如果长期使用农药，害怕农药的微生物会不断被淘汰，不怕农药的微生物会慢慢对农药产生抗性，并能将这种抵抗农药的特殊本领“传授”给其他微生物。这样一来，越来越多的微生物都不再害怕农药，农药就起不了什么作用了。

那该怎么办呢？科学家们认为，最好的办法，就是培育抗病品种。简单来说，就是要提高农作物自身免疫力，让它们天生就能抵抗病害。

科学家经过多年探索，研究出很多培育抗病品种的方法，其中，转基因育种是一种快速有效的好方法。

怎么通过转基因技术培育抗病品种呢？

怎么回事?
最近脚底下越来越沉了!

科学家早就发现，不同农作物，容易得的病也不一样。就拿油菜来说吧，近年来经常得的一种病叫“根肿病”。光听名字就能想象得到，发病的油菜根部会肿起来。光肿起来还不要紧，关键是这会让油菜的根部没法正常从土壤中吸收营养。

让油菜得上根肿病的“罪魁祸首”，是根肿菌。它们可以在土壤里过冬，等开春后继续传播，油菜很难摆脱它们。根肿病发病严重的田块，油菜甚至会绝收。更麻烦的是，这种病不仅会侵扰油菜，还会侵扰油菜的众多“亲戚”，比如萝卜、甘蓝、白菜、芥菜等。

小贴士

根肿病是非常严重且难防治的病害，全国每年的发病面积超过 2000 万亩，而且还有快速增长的趋势。所以这种病又被称为“油菜的癌症”。

麻烦的根肿菌又来了！大家快逃啊！
我爱你们!

呼伦贝尔的油菜田风光

根肿菌危害广泛，却给科学家们带来了意外的发现。他们从油菜的一些“亲戚”身上发现了抗根肿病的基因。科学家们利用转基因技术，把这种基因“转移”给油菜，让油菜对付根肿病的能力大大提高了。

不过，这说起来很简单，做起来可不容易。我国国家油菜工程技术研究中心的张椿雨教授，为了改良油菜的基因，不断进行研究，花了近 10 年时间，才培育出了我国第一批能够抵抗根肿病的油菜杂交种——“华油杂 62R”和“华双 5R”。

2017 年，由多名院士、专家组成的专家组，来到湖北枝江根肿病发病区调查，发现“华油杂 62R”的发病率仅为 1.2%，“华双 5R”的发病率甚至低至 0%。专家组还查看了 3 个不带抗病基因的油菜品种，发现它们的发病率都在 87% 以上。这足以说明，“华油杂 62R”和“华双 5R”抵抗力超群。

除了油菜，科学家能让其他农作物也不爱生病吗？

当然啦。一代又一代科学家接续努力，现在“免疫力”强的农作物品种越来越多了。

咱们来看看小麦。全世界的小麦都容易得一种病——赤霉病。这种病很严重，被称为“小麦的癌症”，是由多种镰刀菌侵染小麦引起的。生了病的小麦，身上会出现粉红色的霉层，体内也会产生毒素。这不仅严重影响小麦产量，还会危害人类和牲畜的健康。

小麦是世界上最重要的粮食作物之一，科学家们为对付赤霉病可花了不少心血。

功夫不负有心人。山东农业大学孔令让教授团队，在对抗赤霉病方面取得了令世界瞩目的成果。他们仔细研究了小麦的“近亲”——长穗偃麦草，从中发现了能够抵抗赤霉病的基因，并成功把这种基因转移到了部分小麦体内。经过改良的小麦品种，表现出了稳定的赤霉病抗性。这意味着，面对小麦赤霉病这道难关，人类已经跨出了关键的一步。

这一步迈得可真不容易。要知道，孔令让教授从事小麦育种工作已经有40年了。他为什么会这么关心小麦生病的问题呢？这是因为，他小时候，我国农业还不发达，和许多人一样，他也经常吃不饱饭，所以长大后，他坚定地走进了农业研究领域，做起了育种工作。他最爱听麦浪翻滚的声音，最大的心愿，就是要让中国人把自己的饭碗端得更牢。

研究小麦赤霉病取得的重大突破，不仅让孔令让教授实现了心愿，也让世界对中国科学家刮目相看。

“民以食为天，食以安为先。”科学家们利用先进的科学技术，帮助很多农作物战胜了病魔。未来，在科学家的不断努力下，一定会培育出更多优良抗病品种，带来一个绿色安全的新农业时代！

小贴士

果树和农作物一样，也会生病，比如番木瓜容易被环斑病毒侵害，一旦生病，产量就会大打折扣。

科学家们研究了环斑病毒的致病机理，发现将环斑病毒的部分基因片段转入番木瓜，可使番木瓜获得很强的抗病毒能力，不容易再受环斑病毒的侵害，就像我们通过打疫苗对抗传染病一样。于是，科学家利用转基因技术培育出了能抵抗环斑病毒的番木瓜。

我们的科研创新瞄准的是国家重大需求，来不得半点儿马虎。

棉
怎样帮棉花
抵御虫害？

“五月棉花秀，八月棉花开。花开天下暖，花落天下寒。”这是古人赞美棉花的诗句。意思是说，只要棉桃吐絮，天下人的温暖就有保障，如果棉花异常凋萎，人们就要挨冻了。

棉花能用来做很多东西呢。

棉花不仅能用来制作被子、衣服、鞋子、手套等，给人们带来温暖，还是制造钞票、棉口罩、医用绷带等物品的重要原料。另外，棉花的茎秆可以用来造纸，棉籽可以用来榨油，榨油后的残渣压成棉饼，还能用来做动物的饲料或农田的肥料。

小贴士

我国是棉花产量最高的国家之一，棉纺产品大量出口到国外，让世界各地的人们都用上了“中国棉”。

棉花虽然不是花，但也很美！

绽开的棉桃里露出雪白的棉花

棉花植株全身都是宝，能为人类做很多贡献。然而，如果棉花在生长过程中被害虫咬了，没法正常生长，品质就会变差，棉桃甚至会穿孔烂掉，棉花产量也会下降。怎样才能更好地保护棉花呢?

对棉花危害最大的害虫是棉铃虫。棉铃虫大军侵入棉田后，会集体在棉花植株各处产卵。当大量幼虫孵化出来，就会贪婪地啃食花蕾、棉铃和嫩叶，对棉花造成很大伤害。

棉铃虫大军
20 世纪 90 年代，我国内地主产棉区连年棉铃虫大暴发，棉田里的棉铃虫多得难以想象，它们所到之处，棉铃都被蛀空，叶子也被吃得精光。一时间，多个棉区被破坏得几近绝收。人们虽然使用了农药，可是不怎么管用。
看我的厉害!

这可怎么办？终于，在科学家们的努力下，天赋异禀的“棉铃虫杀手”横空出世，让人们看到了希望。它就是令棉铃虫闻风丧胆的Bt蛋白。

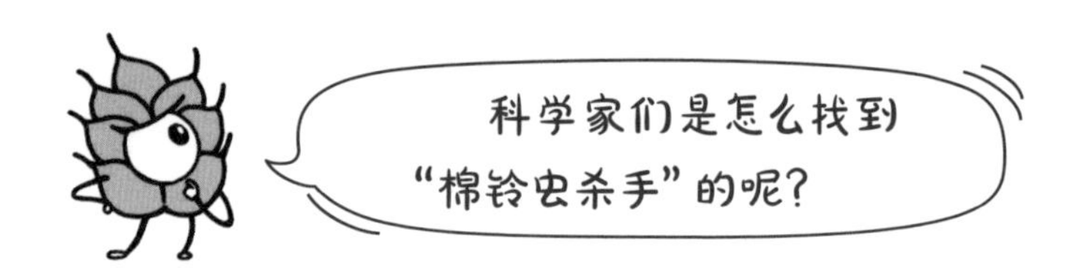

科学家们是怎么找到
“棉铃虫杀手”的呢？

科学家们发现，土壤中天然存在着一种细菌——苏云金芽孢杆菌，简称Bt。它的体内含有一种特殊的蛋白质，被命名为Bt蛋白。棉铃虫吃了含有Bt蛋白的食物，它的“虫生”也就快走到尽头了。当Bt蛋白进入棉铃虫的中肠，会在那里的碱性条件和酶系统作用下释放出活性毒素。

棉铃虫的肠道里也有特定的蛋白质，我们可以把它称为受体蛋白。当活性毒素与受体蛋白结合，会造成棉铃虫肠道穿孔，从而杀死棉铃虫。瞧，Bt蛋白杀虫于无形之间，是名副其实的“棉铃虫杀手”！

这么厉害的“棉铃虫杀手”，会不会误伤无辜的昆虫呢？

不用担心，绝大多数昆虫的肠道中都不具备碱性条件，也没有棉铃虫那样的受体蛋白，所以 Bt 蛋白对它们没有杀伤力，不会滥杀无辜，对生态环境非常友好。

只要能好好利用 Bt 蛋白，就不用担心棉铃虫再骚扰棉花啦。可是，要派 Bt 蛋白这个“棉铃虫杀手”出马并不容易，因为 Bt 蛋白只存在于 Bt 细菌当中。那么，有什么办法让棉花也拥有这样的杀虫蛋白呢？这就要靠转基因技术了。

小贴士

20 世纪 90 年代棉铃虫连年大暴发时，人们还没有对付棉铃虫的好办法，只能通过喷施化学农药来对付这些危害棉花的害虫，一年需要给棉花打 10 到 20 次农药。大量使用农药，不仅费钱，还要花费很多人工，也增加了农药中毒的风险，并造成严重的环境污染。

与喷施农药相比，利用 Bt 蛋白要安全有效得多。

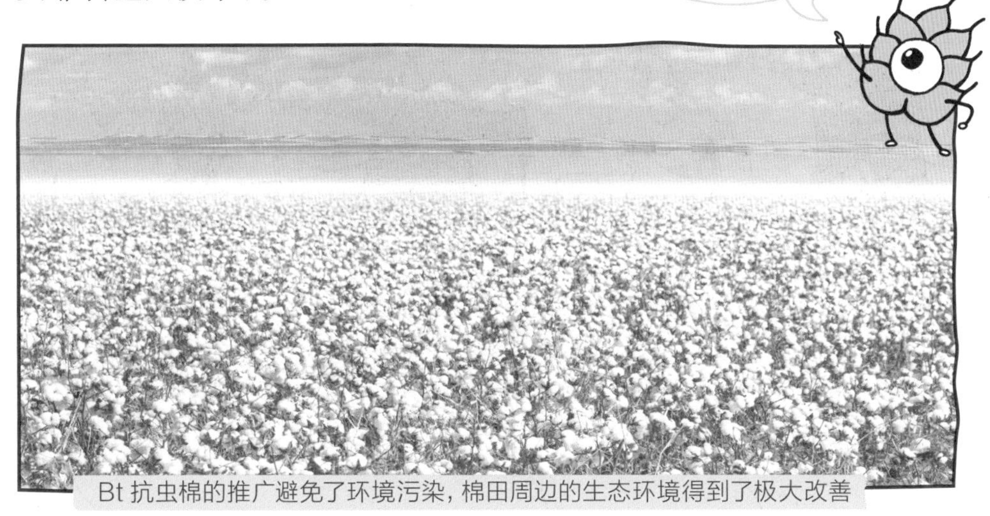

Bt 抗虫棉的推广避免了环境污染，棉田周边的生态环境得到了极大改善

什么是转基因技术呢?

通过复杂且精巧的技术，我们可以让一种生物的优良基因到另一种生物的细胞里安家落户，使后者产生原来没有的生物特性。这种让基因在生物之间转移的技术，就是转基因技术。而通过转基因技术培育的生物，就称为转基因生物。

科学家通过转基因技术，把 Bt 蛋白基因转入棉花细胞中，让棉花也能拥有 Bt 蛋白，如同拥有了贴身保镖。这种人工培育出的转基因抗虫棉，也称 Bt 抗虫棉。

小贴士

科学家们做了大量实验，从多个方面证明 Bt 蛋白对人类是安全的。市面上的转基因食物，在上市前都经过科学、严格的安全评价，可以放心食用。

早些时候，我国市场上的 Bt 抗虫棉大多是从美国进口的。这些进口抗虫棉一度称霸我国市场，赚取了高额利润。

我国科学家经过共同努力，改变了这种局面。

1994 年，中国农业科学院生物技术所的研究人员，率先成功研发出了国产 Bt 抗虫棉。

“世上的花儿千千万，棉花是最美的那朵花。”每当提起棉花，研究人员都有说不完的话。

眼看着棉铃虫的肆虐让我国棉花生产遭受巨大损失，他们又心疼又着急。为了培育出我国自己的 Bt 抗虫棉，他们 24 小时待在实验室，困了就轮流在折叠床上打个盹儿。

精诚所至，金石为开，研究人员的心血没有白费。他们研发的国产 Bt 抗虫棉在短短几年时间内夺回了国内市场的主导权，使我国成为全球第二个拥有抗虫棉自主知识产权的国家。

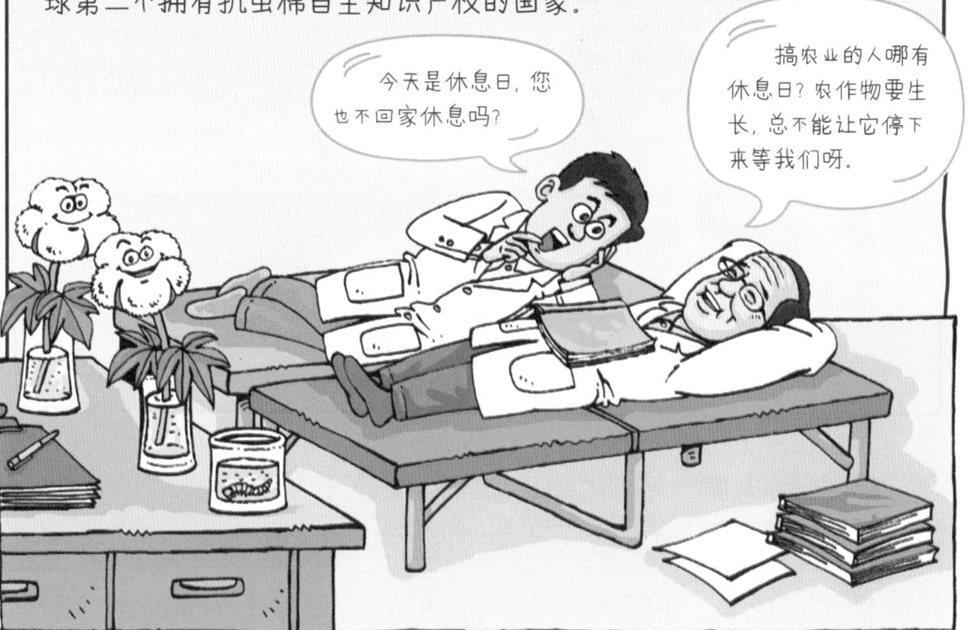

Bt 抗虫棉自己就能杀死害虫，棉农因此大大减少了农药的使用量。据不完全统计，自从 1999 年我国开始推广种植 Bt 抗虫棉，每年棉田的农药使用量减少了 75% ～ 80%，农药中毒的事故明显减少，每年棉农增加收入、节约开支共计约 20 亿元。可见，Bt 抗虫棉为我国的棉花生产做出了突出贡献！

除了转基因棉花，目前我国还可以生产转基因木瓜、转基因水稻和转基因小麦。玉米、油菜等重要农作物的转基因产品虽然没有进入商业化生产，但我国科学家已经掌握了相关的核心技术，并研发出一系列产品。经过严格的安全评价后，它们就有可能进入市场啦。

转基因产品上市前会经过严格检测

像 Bt 抗虫棉一样，很多通过转基因技术培育的转基因作物，也能有效对付病虫害，减少农药用量，从而改善农业生态环境，并降低生产成本，还能改善农产品的品质，真是好处多多啊！

为什么要在
田地里挂彩灯？

当我们走在乡间的小路上，有时会发现田地里挂着彩灯。它们是用来给农民照明的吗？

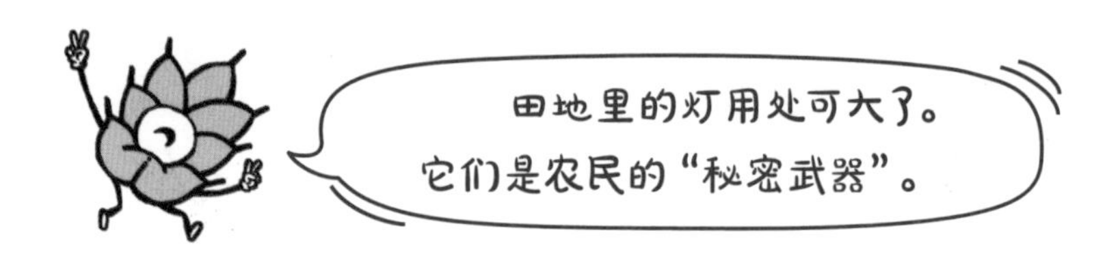

田地里的灯用处可大了。
它们是农民的“秘密武器”。

确实，这些彩灯是专门用来诱杀害虫的，被称为“诱虫灯”。

“稻田深处草虫鸣”“草田高下乱虫鸣”“野田萧瑟草虫吟”……自古以来，说到“田”，似乎就不得不提起“虫”。田地里有益虫，也有害虫。害虫是田间的“迷你破坏王”。它们会伺机而动，群起而上，啃食农作物，对农作物造成严重伤害。

为了消灭害虫，人们可没少动脑子。如今，科学家们已经掌握了多种害虫防控技术，在田间挂彩灯就是其中一种。

一只害虫正趴在叶子上休息

彩灯为什么能引诱来害虫呢?你应该听说过“飞蛾扑火”吧?华中农业大学的雷朝亮教授团队通过深入研究,利用现代生物技术,为我们揭开了这种现象背后的奥秘,提出了“光胁迫理论”:蛾类习惯在夜间活动,它们看到火光或人工光源后,就会产生生理应激反应,体内产生特殊的化学物质,导致能量代谢增强,处于持续兴奋状态,结果就会一个劲儿地乱飞,朝光源猛扑过去。

除了蛾类,还有很多昆虫都是天生的“追光者”,常常会硬生生地撞到光源上。

小贴士

利用光源诱杀害虫,这种方法我国古人早就开始用了。《诗经》中就记录了火烧蝗虫的方法。到了唐代,这种方法使用得更加广泛。到了清代,在《治蝗全法》中有更详细的记载:天黑后,人们在蝗虫密集的地方点燃篝火,吸引蝗虫循着火光飞来。被火烧到的蝗虫会失去飞行能力,人们就可以趁机将它们扑杀并掩埋。

雷朝亮教授团队提出“光胁迫理论”后，便开始研究灯光诱控技术，研制出不同类型的诱虫灯。其中，风吸陷阱式太阳能专用诱虫灯对害虫的诱杀效率很高，很受农民欢迎。为什么这种诱虫灯广受欢迎呢？因为它有四大好处：高效、精准、安全和智能。下面我们来一探究竟。

风吸陷阱式太阳能专用诱虫灯

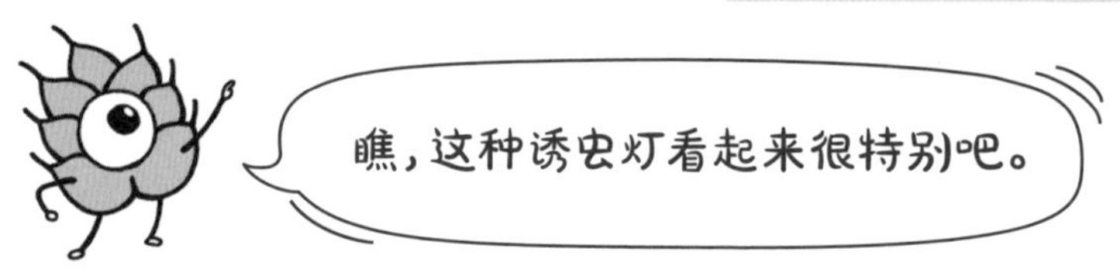
瞧，这种诱虫灯看起来很特别吧。

先说说“高效”。雷朝亮教授团队在利用灯光的基础上，还采用了风吸加挡板的设计。在灯具下方设置了吸虫风道，风道顶部有进风口，底部有风扇。当扇叶快速转动起来时，会带动空气流动，从而产生吸力。

让风来得
更猛烈些吧！

那些被灯光引诱过来的害虫，刚一到达挡板，就会被吸进风扇下面的集虫盒中。吸虫风道的上部比中间要粗，使得中间成为一个相对狭窄且风速较高的区域，让害虫难以逃脱，因而诱捕效率很高。

再说说“精准”。传统的诱虫灯光源波长单一，诱捕的目标不够明确，不但没法把要消灭的害虫全部吸引过来，反而会吸引一些无害甚至有益的昆虫。

每种昆虫对不同颜色光源的敏感程度不一样。为了让诱虫灯能够有针对性地引诱害虫，科学家们不断进行研究，筛选出 70 多种重要农业害虫的敏感波长，精确调配制灯材料的比例，制造出了因害虫而异的专用光源。这样，不论是在稻田、麦田，还是大豆田、玉米地……农民都可以针对不同害虫，放置相应颜色的诱虫灯。

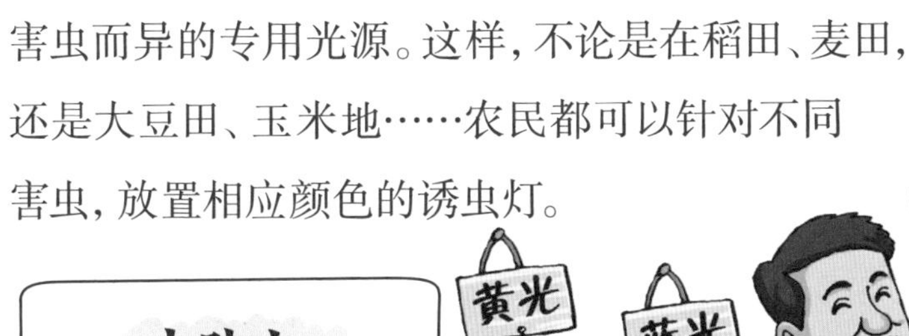

小贴士

不同颜色的光，波长也不一样，比如红色的光波长较长，紫色的光波长较短。

接下来是“安全”。传统的诱虫灯中设有高压电网，会“六亲不认”地诱杀所有靠近的昆虫。风吸陷阱式诱虫灯用风道代替了高压电网，还特意为天敌昆虫设计了逃生装置。

根据目标害虫和天敌昆虫行为上的差异，科学家在诱虫灯的集虫盒上方预留了爬升空间，以及不同尺寸的窄缝式或孔眼式逃生门，让天敌昆虫有机会逃出去。

最后是“智能”。昆虫扑灯的行为虽然不太受控，但也不是完全乱扑，细心研究的话还是可以发现规律的。

不同昆虫在夜间扑灯的时间也不一样。目前，科学家们已经归纳出了近百种重要农作物害虫的扑灯高峰期，比如水稻害虫褐飞虱通常集中在晚上 8 点到 11 点扑灯。

小贴士

什么是天敌昆虫？看名字就可以猜出来，天敌昆虫是指一些害虫的天敌，常见的有螳螂、蜻蜓、虎甲、小蜂、姬蜂等昆虫。它们会捕食害虫，或寄生在害虫体内，干扰害虫生长。天敌昆虫长期生活在农田、林区和牧场中，可以有效制约害虫，避免害虫泛滥成灾，对维持生态平衡和保护生物多样性起着重要作用。

根据昆虫扑灯行为的规律，科学家们研发出了具备多种功能的诱虫灯智能远程控制开关灯系统，有了这个系统，诱虫灯晚上不会一直亮着，而是主要在害虫扑灯的高峰期点亮，从而显著提高了诱虫灯的捕虫效率，降低了天敌昆虫的扑灯概率，也节约了能源。

除了利用灯光诱杀害虫，科学家们还有什么防治害虫的好办法？

科学家们的办法可多了，例如粘虫板（球）诱杀法和昆虫性信息素诱杀（迷向）法。

粘虫板（球）诱杀法比较简单。科学家研究发现，昆虫和我们人类一样，也有自己偏爱的颜色，比如蚜虫喜欢黄色，蓟马偏爱蓝色，柑橘实蝇偏爱绿色，等等。因此，我们可以用黄色粘虫板诱捕蚜虫，用蓝色粘虫板诱捕蓟马，用绿色诱蝇球诱捕柑橘实蝇。黏黏的粘虫板（球）制作简单，成本较低，便于使用，防治害虫的效果也不错。

粘满虫子的粘虫板

我今天好像
有点儿迷糊……

昆虫性信息素诱杀（迷向）法也不复杂。研究发现，昆虫为了吸引同种异性，会释放挥发性的化学信号物质，这种物质叫作性信息素。目前，人们可以利用的昆虫性信息素已有上百种，对付的目标主要是鳞翅目害虫。性信息素诱杀法就是在田间安放一定数量的诱捕器，诱杀害虫成虫，避免它们繁殖后代；性信息素迷向法是在一定范围内大量释放性信息素，干扰害虫成虫，让它们找不到同类异性，这样也可以避免它们繁殖后代。

使用诱虫灯、粘虫板（球）和昆虫性信息素来捕杀害虫，都不会对环境造成破坏。未来，科学家们还会继续研究，发展更加先进、对环境更加友好的害虫绿色防控技术，让农民可以收获更多更安全优质的农产品。

农作物不用
再怕害虫喽!

救救我！
为什么要给土豆消“毒”呢？
试管薯

说起土豆，你肯定很熟悉，它又叫马铃薯、洋芋、山药蛋，是草本植物，和茄子是“亲戚”。它的地下匍匐茎顶端膨大，会形成饱满的薯块，这就是我们常吃的土豆。别看土豆不起眼，它可是既能当蔬菜，又能当粮食。长期以来，它在粮食界的地位仅次于水稻、小麦和玉米，被列为第四大粮食作物。

小贴士

也许你听说过，有人吃土豆引起了中毒，这是怎么回事？原来，还未长成熟或发了芽的土豆，含有一种叫龙葵素的毒素，人吃了以后会产生恶心、呕吐、腹痛、腹泻和胸口疼痛等症状。所以我们要记住，千万别吃还没长成熟或发了芽的土豆。

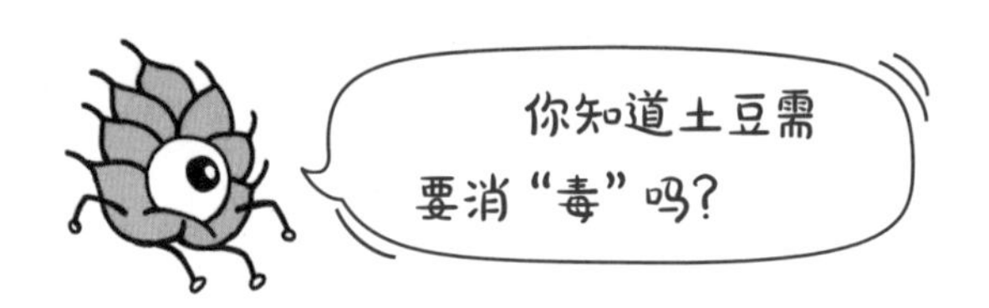

人们种植土豆时，经常会提及“脱毒处理”。看到“毒”，你可能会觉得奇怪，土豆怎么会有毒呢？

新鲜的土豆

其实，要给土豆消的“毒”，是指土豆植株内积累的有害病原菌。它们会干扰土豆植株正常生长发育，造成土豆的产量和品质大幅下降，甚至完全不能拿去售卖。

哎哟，我生病了。

土豆植株中为什么会积累病原菌呢？这与土豆的繁殖方式有关。

土豆的繁殖方式分为有性繁殖和无性繁殖两种。简单来说，有性繁殖是通过种子来繁殖下一代的。但在实际的农业生产中，农民不会直接用种子来种植土豆。这是因为，“一母生九子，九子各不同”，用种子种出来的土豆，彼此完全不像亲兄弟，无法确定它们的品质。因此，为了保证把土豆种好，就得采用无性繁殖的方式。

这兄弟几个，哪个也用不了啊！

小贴士

病原菌是指一些会使动植物产生疾病的微生物，比如细菌、真菌、病毒等。它们寄生在动物或植物身上，却“恩将仇报”，产生致病物质，造成被寄生的动物或植物“生病”。

这里所说的无性繁殖，指的是用种苗或薯块等来种土豆。但是，采用这种方式，土豆很容易受到外来病原菌的侵扰，那些病原菌会在土豆的身体里住下来。当人们用土豆身体的一部分继续种植土豆时，新一代土豆身体里的病原菌会继续累积。所以，经过代代相传，土豆植株内积累的病原菌越来越多，病情也会越来越严重，甚至地上部分会发生退化，比如叶片皱缩、叶片颜色不均匀、植株矮小等；地下长出的薯块会开裂、出现畸形、形成坏死斑等。

健康生长的土豆植株

只有想办法对付那些爱“欺负”土豆的病原菌，才能种出高品质的土豆。那么，究竟该怎样给土豆消“毒”呢?

早在1949年，科学家就发现，病原菌在植物体内的分布是不均匀的。在茎尖和根尖很小的范围内(0.2～0.3毫米)不带病毒，因为这两处还没有分化出维管束，病原菌没法跑过去。如果能把土豆的茎尖或根尖切下来，精心进行组织培养，让它们成长为完整的植株，就算消“毒”成功了。得到脱“毒”植株后，继续利用组织培养技术，让土豆在病原菌无法入侵的植物工厂中快速繁殖，便能在短期内获得大量健康种苗。

小贴士

维管束相当于植物体内的血管，存在于植物的茎、叶等器官中，相互连接构成了维管系统，可以为植物体输送水分、无机盐和有机物质。由于它们比较硬、有韧性，也可以起到支撑作用。

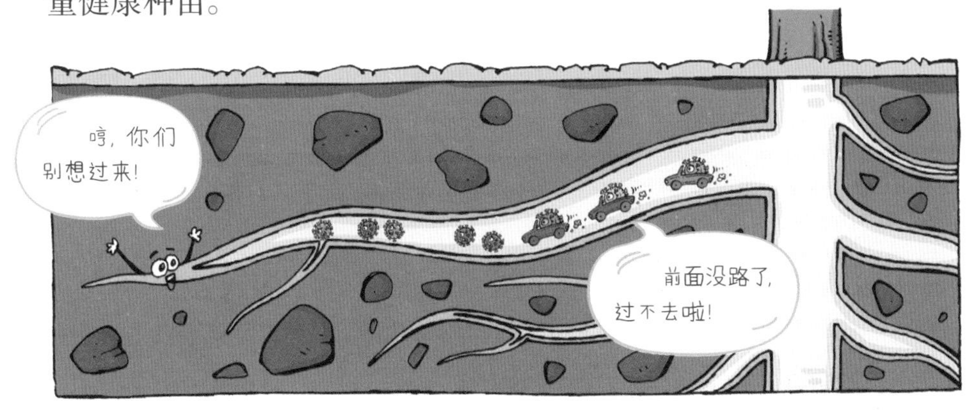

可是这些说起来容易，做起来很难。华中农业大学的谢从华教授用了30多年时间，不断进行研究，终于研究出了世界领先的土豆繁殖技术。

要说谢从华教授的研究工作，得先从土豆种植技术研究中遇到的一个难题说起。每种作物都有适宜的播种时期，土豆也一样，一年中较好的种植时间也就一两个月。可是，土豆种苗没法贮藏，种植期之外那10个多月培育出的健康土豆种苗都浪费了，这可怎么办呢？一些科学家想了个办法，就是利用健康种苗先培育出微型土豆。这种微型土豆被称为试管薯，很容易贮藏，可以等土豆种植期到来，再把它们种植到田地里。

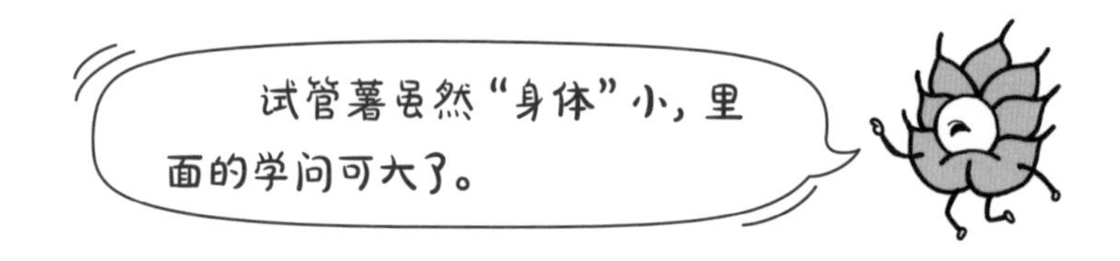

试管薯虽然“身体”小，里面的学问可大了。

20世纪80年代，世界上有很多科学家开始研究试管薯，但到了20世纪90年代初，他们几乎都停止了相关研究，原因是掌握不了试管薯的批量化生产技术。

这些东西说什么也得带回去！
研究资料

1989年，在英国留学的谢从华获得了博士学位，决定毕业后回国从事试管薯的研究工作。为了攻克这个世界性难题，他回国的时候，除了身上穿的衣服，其他衣服都没带，以便腾出空间，多带些研究资料。最终，他带回来的资料足有60千克重。

研究初期，条件艰苦，连培养容器都没有，他从废品站回收了许多罐头瓶，亲自带着学生们把瓶子洗干净，当作培养瓶用。

就这样，谢从华团队一点点、一天天地努力着，历经 18 年，终于研究出了试管薯的批量化生产技术，配套建立了“二年制”脱毒种薯生产技术，大幅缩短了脱毒种薯的生产周期。这些技术获得了国家发明专利，也受到全世界同行的高度关注。

谢从华团队的实验室，具有每平方米每年生产 20 万个试管薯的能力，可以满足 50 亩土豆田的需要。可是，谢从华教授不满足已经取得的研究成果，2009 年他主动辞去华中农业大学副校长的职务，将全部精力投入试管薯的研究和开发工作中，希望把更多试管薯送到田间，为国家的土豆生产做出更大贡献。

你可能没想到吧？看起来很平常的土豆种植，有这么多学问呢。而科学家为了促进农业生产的发展，要付出这么多努力，攻克这么多难关。

在科学家的帮助下，其他农作物是不是也能摆脱病原菌呢？

像土豆这样的无性繁殖作物还有很多，例如柑橘、草莓、红薯等。不同的作物，需要消灭的病原菌也不尽相同。

与谢从华教授的经历相似，国家柑橘工程技术研究中心的周常勇研究员长期致力研究柑橘病毒病和类病毒病防控技术。为了解决我国柑橘长期遭受病毒和类病毒病危害的困扰，2001 年，他在澳大利亚博士毕业后毅然选择回国，负责在重庆筹建“国家柑橘苗木脱毒中心”。他不仅发明了柑橘茎尖微芽嫁接脱毒技术，创建了世界最大的柑橘无病毒原种库，还构建了我国柑橘无病毒苗木三级繁育体系，在全国快速形成了每年繁育超过 1 亿株无病毒柑橘苗的能力，为我国柑橘用苗和产业安全提供了有力保障。

像我们这样爱给农作物消“毒”的科学家还有很多哦！

茄子可以长在树上吗？

红烧茄子、蒜泥茄子、茄子炖土豆……茄子是我们餐桌上常见的蔬菜。茄子这么受欢迎，你知道它是怎么种出来的吗？

你可能会说，在地里种出来的呗。

没错，大多数茄子都种在地里，植株高度在 1 米左右。茄子是草本植物，一般是一年生作物，结出的果实都靠近地面。

不过，也有长在树上的茄子哦。

瞧，这就是我国华中农业大学的叶志彪教授培育出来的茄子树。这种茄子树是多年生木本植物，可以长到 2 米多高，一年四季都可以结果。是不是很神奇？

叶志彪教授的茄子大棚

让茄子长在树上，只是为了样子特别吗？

当然不是。茄子树跟普通茄子植株相比，有很多优点呢。在适宜的温度和气候条件下，茄子树可以边开花、边结果，产量是普通茄子植株的 5 倍，而且茄子的品质更好，植株对抗病虫害的本领也大大增强了。

茄子树是怎么培育出来的呢?

要培育出茄子树，可不是花一两年工夫就能做到的。科研人员要到田间地头，不断观察，寻找合适的植株，再经过多年研究和不断试种，才能培育出品种优良的茄子树。

这棵长得可真棒!

2000 年初，叶志彪教授在田间偶然发现了一棵与众不同的茄科植株。它不仅比其他的长得高、长得壮，抵御虫子和病害的本领也比较强。

要是把这棵茄科植株跟其他茄科植株“合二为一”，是不是就能培育出“超级茄子”呢?有了这个想法后，叶志彪教授说干就干。没想到，这一干就是 13 年。

世上无难事，只怕有心人。叶志彪教授不断实验、观察和探索，历经5次更新换代，终于培育出了“超级茄子”，凭借双手让自己当初的大胆想法成为现实。

如今的第五代茄子树，可以同时结出茄子、番茄、枸杞等百余种果实。这样果实累累的树，是不是很厉害？

茄子树上还结着番茄

为什么茄子树可以结出这么多种不同的果实呢？

这就要说到一种很重要的植物繁殖方法——嫁接啦。

什么是嫁接呢？简单来说，就是把一种植物的枝条，与另一种有根部的植物连接起来，它们用不了多久就会“长”在一起，移植来的植物枝条，可以依靠有根部的植物提供的营养活下来。

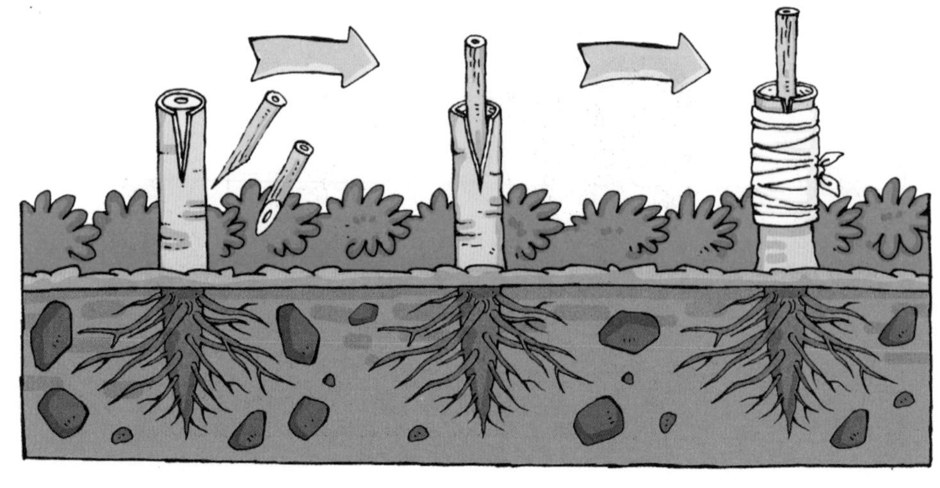

在嫁接的过程中，有根部的植物称为砧木，移植来的植物枝条称为接穗。

结出什么果实，由接穗来决定。那砧木有什么用呢？它的用处可大着呢，嫁接主要就是要利用砧木的一些特性和优势，比如有些砧木根系发达、生命力顽强，甚至还有抗虫抗病等特性。

所有植物都可以通过嫁接这种方法变成“超级植物”吗？

不是的。

在嫁接的过程中，最重要的一个环节，就是让接穗与砧木“长”在一起。

一般情况下，“亲戚”关系近的接穗和砧木更容易“长”在一起，比如，茄子和番茄都属于茄科作物，它们的亲缘关系比较近，嫁接后就容易成活。当然，也有容易接纳“外来物”的砧木，比如烟草，就可以接受其他科的接穗。

利用嫁接这种繁殖方法，还能培育出什么神奇的树？哈，还有番茄树、辣椒树等。

茄子树一年四季都能结出果实

小贴士

现在，很多蔬菜、水果都采用嫁接的方法来育苗。例如，苹果树的枝条可以嫁接到梨树上。有人把十几种甚至几十种果树的枝条嫁接到同一棵树上，让一棵树上挂满各种各样的水果。

除了嫁接，植物还有什么特殊的繁殖方法呢？

植物还有一种很“另类”的繁殖方法，叫作扦插。什么是扦插呢？

剪取植物的根、茎、叶等部位，作为插穗，将它们插入土里或水中，它们就会慢慢生根。等插穗长出根系后，再把它们移栽到土中，最终就会长成独立的植株。

为什么植物体上很小的一部分，能长成全新的植株呢？

这是因为植物跟我们人类不一样,它们的细胞具有“全能性”。也就是说,在适宜的环境条件下,每一个植物细胞都可以形成完整的植株。因此,剪取一部分植物器官,它们凭借细胞的“全能性”,就能长成完整的植株。

这就是扦插的原理。

通过扦插可以培育很多植物。你喜欢多肉植物吗?它们就可以用叶片进行扦插。葡萄、石榴、无花果等果树,是用枝条进行扦插的。

随着农业技术的发展进步,科学家们又研究出一种植物繁殖的新方法——无土栽培。

无土栽培,就是让植物生长在蛭石或“水”里。
蛭石是一种矿物质,可以用来固定植物根系。“水”是指营养液,里面有植物生长发育需要的各种营养元素,是植物的“饮用水”兼“营养餐”。
补给时间到!
营养液

科学家们为什么要费劲研究无土栽培呢？

因为无论是在荒漠中，还是在海滩上，甚至是在太空舱里，只要环境条件适宜，我们都可以用无土栽培这种方法来栽培植物。

无土栽培这么方便，我们在家里可以无土栽培植物吗？

当然可以。现在，这种技术已经走进很多家庭。比如，在阳台上用营养液栽培生菜，只需两三个月，就可以吃上自己栽培出来的生菜啦。

你看，科学家们通过不断研究植物，找到了嫁接、扦插、无土栽培等植物繁殖方法，推动我国农业不断取得新发展，走上了农业现代化的“高速公路”。

未来，农田里还会出现怎样的科学魔法呢？说不定，以后在农田里施展科学魔法的人，就有你哦。

在家里可以
种蘑菇吗？

“采蘑菇的小姑娘，背着一个大竹筐，清晨光着小脚丫，走遍森林和山冈。她采的蘑菇最多，多得像那星星数不清……”

这首歌唱出了小姑娘去森林里采蘑菇，收获满满的情景。不过，随着农业科技的发展，现在我们吃到的蘑菇，大多是人工大规模栽培的，不需要跑到森林里费力地去采。

生长在森林里的蘑菇

既然蘑菇可以人工栽培，那么，我们在家里能种蘑菇吗？

想知道这个问题的答案，我们可以先看看科研人员是怎么在实验室里种蘑菇的。

蘑菇通常包括菌盖、菌柄、菌褶等部位，其中菌褶上能够产生许多粉末一样的孢子。孢子可以发育成新的蘑菇。不过，孢子萌发后，不会直接长成小蘑菇，而是先长成白色的菌丝。

在实验室里，科研人员会用木屑、玉米芯、麦草、棉籽壳等配制出培养基，给蘑菇生长创造出舒适的环境，再把菌丝放上去。它们吸收培养基中的养分后，会继续生长并扭结，逐步形成菌蕾，最后就可以出菇了。

看到这里，你是不是觉得种蘑菇很简单？其实，真正做起来，可没有前面说的这么容易，有很多事情需要耐心细致地来完成。

小贴士

蘑菇是植物吗？要弄清这个问题，得先知道什么样的生物才算植物。

植物有根、茎、叶、花、果等器官，可以吸收土壤中的水分和矿物质，并借助阳光，将吸收的二氧化碳和水转化成营养物质，最终开花、结果。

蘑菇可没有植物的那些器官，也不能通过光合作用来制造营养物质，所以它不是植物。

那么，蘑菇是什么呢？蘑菇属于真菌。

好在现在有很多商家售卖现成的菌包，就是把带有菌丝的培养基用袋子装好，卖给想在家里种蘑菇的人。

买来菌包以后，要记得，蘑菇喜欢阴暗潮湿的环境，得把菌包放在家里阴凉的角落。然后，用小刀在菌袋上划一个口子，长约 2 厘米。这样，长出来的小蘑菇就可以从菌袋里钻出来啦。

蘑菇小天地
哇，总算是破土而出了！
你也可以在菌袋上多划几个口子，或者干脆去掉袋子，把袋子里长满菌丝的培养基放在花盆里，然后在表层盖上一两厘米厚的土，保持湿润。一般 5～7 天后，小蘑菇就会破土而出了。

你是不是已经忍不住，要马上去买一个菌包啦？

先别着急，关于在家怎么把蘑菇养好，还有两件重要的事情没告诉你呢。首先，要记住，蘑菇生长需要水，这和我们养花花草草，得给它们浇水是一个道理。不过，在小蘑菇长出来之前，要少浇水，只要保持培养基表层湿润就可以。因为浇的水太多会让菌丝难以生长。

抱歉，我还以为你很需要我呢！

到底该怎么照顾小蘑菇呢？

等小蘑菇长出来后，每天给它们喷雾，让它们保持湿润就行。这样，小蘑菇用不了几天就能长大了。

还有一件重要的事，就是要记住，蘑菇也需要氧气和阳光。

在家里种蘑菇，要保持室内空气流通，要不然，蘑菇会长成畸形，甚至会憋死。

蘑菇虽然喜欢阴凉的地方，怕阳光暴晒，但也要适当见些光亮，这样，它们的色泽会更好，长得更健康。

小贴士

蘑菇长大后，会产生孢子。有些人会对某些种类蘑菇的孢子过敏。所以，如果你和家人是过敏体质或鼻炎患者，就要谨慎选择蘑菇品种，或者等蘑菇刚长大就及时采摘，防止它们散出孢子，引起过敏。

菌包里钻出来的蘑菇

市场上卖的蘑菇，也是用菌包种出来的吗？

这可不一定。有时候，用菌包种蘑菇，成本偏高，产量较低。

市场上卖的很多蘑菇，其实是人工规模化种植出来的。随着蘑菇栽培技术的不断发展，目前，多数蘑菇，比如我们常吃的金针菇、杏鲍菇等，都实现了机械化或自动化生产。

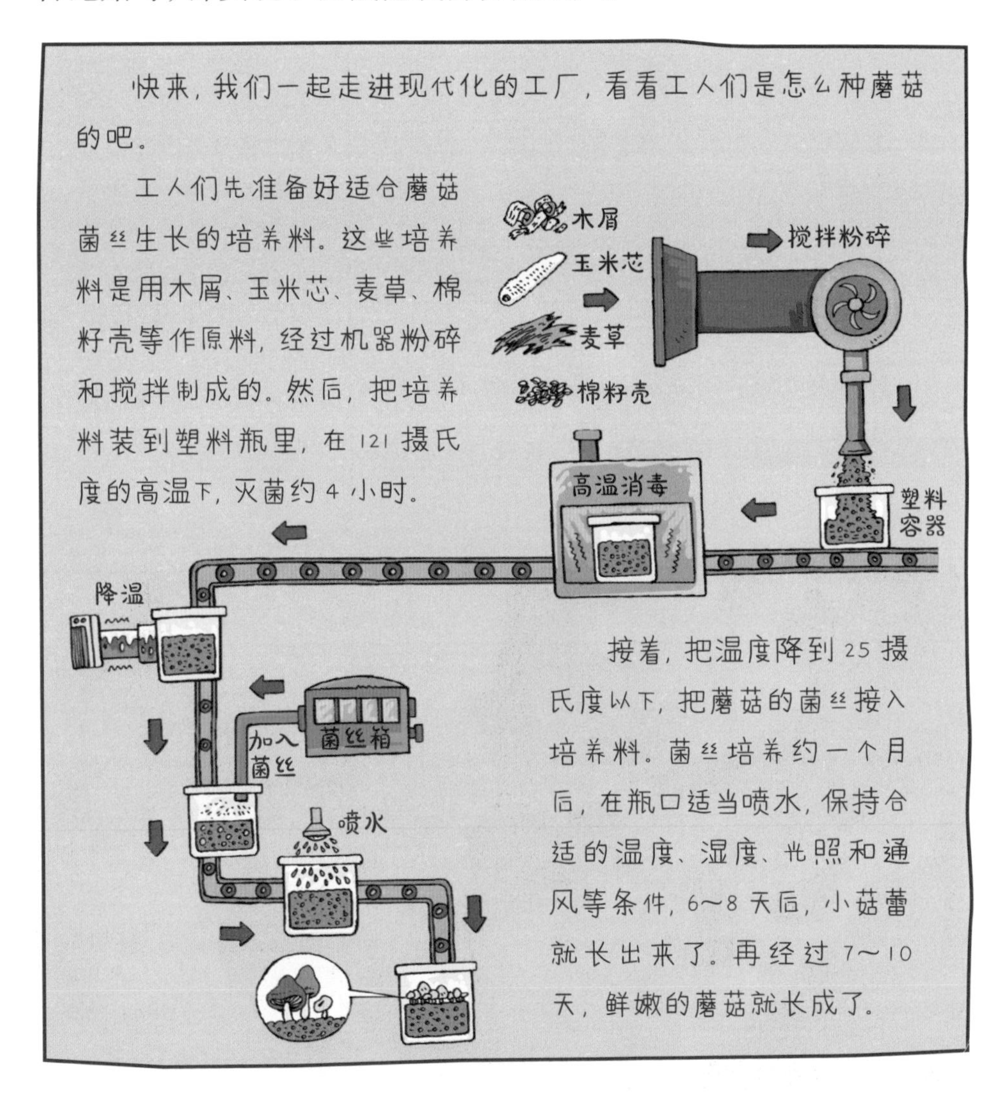

快来，我们一起走进现代化的工厂，看看工人们是怎么种蘑菇的吧。
工人们先准备好适合蘑菇菌丝生长的培养料。这些培养料是用木屑、玉米芯、麦草、棉籽壳等作原料，经过机器粉碎和搅拌制成的。然后，把培养料装到塑料瓶里，在121摄氏度的高温下，灭菌约4小时。
木屑
玉米芯
麦草
棉籽壳
搅拌粉碎
塑料容器
高温消毒
降温
加入菌丝
菌丝箱
喷水
接着，把温度降到25摄氏度以下，把蘑菇的菌丝接入培养料。菌丝培养约一个月后，在瓶口适当喷水，保持合适的温度、湿度、光照和通风等条件，6～8天后，小菇蕾就长出来了。再经过7～10天，鲜嫩的蘑菇就长成了。

你瞧，在工厂里种蘑菇，产量高，占用空间小，采摘也非常方便。

发展出这么先进的蘑菇栽培技术，可离不开一代又一代科学家的不懈努力。

吉林农业大学李玉院士，就是我国食用菌领域的一位传奇科学家，被人们称为“蘑菇院士”。

他常对学生们说：“应用真菌学科的昨天、今天和明天都离不开生产一线，农业科学家必须要深入到田间地头……”而他确实也是这么做的。光听别人讲山上的蘑菇长成什么样，他总是不放心，一定要亲自去看了才行。

小贴士

蘑菇不仅味道鲜美，营养也非常丰富，含有丰富的蛋白质和膳食纤维等，而且多数蘑菇含有多糖、多种维生素和微量元素等，其中多糖对提高人体免疫力有重要作用。多吃蘑菇好处多，你要记得多吃蘑菇哦！

不过，野外有不少蘑菇是有毒的，你要注意提防它们，千万不要随便采来吃！

每年初春，当清晨的第一缕阳光刚刚照向山坡，李玉院士就带着学生们去给山里的蘑菇做普查了。调查区域内的每一株蘑菇，他们都不愿错过，会仔细观察蘑菇的生长状态，再小心翼翼地采集样本。有时在山里遇到暴雨，他们就掏出塑料布挡一挡；有时被涨水的溪流阻断去路，他们就攀着树枝或岩石越过去。

李玉院士从事菌类研究工作几十年来，一直致力做好中国人自己的食药用菌资源调查与培育。对他来说，每一个菌类物种都是人类的财富。他不仅构建了菌物多样性保护创新体系，打造了菌种库、活体库、基因库和信息库等，还在蘑菇栽培领域破解了诸多难题，攻克多项生产关键技术，培育出几十个食用菌新品种。另外，他还积极倡导和推进“南菇北移”“北耳南扩”等食用菌产业发展战略，为食用菌产业成为国家精准脱贫和乡村振兴的主导产业做出了重要贡献。

在几代科学家的努力下，我国在蘑菇研究和蘑菇栽培技术上都取得了举世瞩目的成就。香菇、黑木耳、银耳、白灵菇、羊肚菌等许多种蘑菇，都是我国率先人工栽培成功，实现规模化生产的。在我国的种植业中，蘑菇已经成为仅次于粮、油、果、菜的第五大类作物，年产量占世界总产量 75% 以上，产品出口到了 60 多个国家和地区。

在脱贫攻坚中，全国约 70% 的贫困县都在栽培蘑菇，依靠先进的蘑菇栽培技术，数百万人摆脱了贫困。

你瞧，有科学技术助力，小小的蘑菇也能发挥巨大的作用。

动物也要
打疫苗吗?

“嘿，打疫苗啦！”

听到这句话，你是不是有点儿害怕？

别怕，打针只疼一下，要是生病了，那可是要难受很久的，而且对身体也不好。

说起疫苗，你一定不陌生。我们刚一出生，就要接种卡介苗和乙肝疫苗，随着慢慢长大，还要陆续接种其他疫苗，比如百白破疫苗、麻疹疫苗、水痘疫苗等，种类真不少。

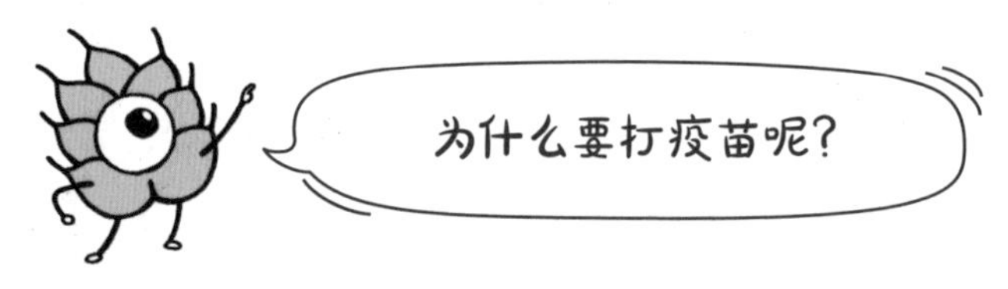

为什么要打疫苗呢？

打疫苗是为了预防各种疾病。至于疫苗为什么能预防疾病，我们得先从人体的免疫系统说起。

呜呜，我最怕打疫苗了！

我们的周围可谓“危机四伏”——到处都是微生物，包括病毒、细菌等。它们绝大多数都能与我们和平共处，但有“少数派”会给我们惹麻烦，让我们生病。这类有害微生物，我们把它们统称为病原微生物。

该怎么对付这些爱惹麻烦的病原微生物呢？幸好，我们体内有着强大的免疫系统，可以派出本领高强的“卫兵”——免疫细胞，来抵御病原微生物的入侵。

既然有“卫兵”防守，为什么有时候入侵的病原微生物还会“得逞”呢？这是因为，我们的免疫系统可能出现“故障”，无法正常派遣“卫兵”；有时候，免疫系统没能立刻识别出“入侵者”，错过了最佳“围剿”时机。

免疫系统有一份“入侵者宝典”，记录着交过手的“入侵者”的档案。遇到记录在案的“入侵者”，免疫系统可以马上派出特定的“卫兵”；如果遇到从没见过的“入侵者”，免疫系统就得花上一段时间才能反应过来，这样就可能错过“战机”。

为了让免疫系统早些认识各种可能来犯的“入侵者”，更好地保护身体，我们就得靠疫苗来帮忙。

疫苗到底怎么帮人预防疾病呢？

疫苗是指用各类病原微生物制作的，用于预防接种的生物制品。病原微生物的部分蛋白结构或控制这些蛋白质合成的基因，也可用于制作疫苗。

疫苗进入人体后，其中已经被灭了“威风”的病原微生物，就能在免疫系统里“混个脸熟”。免疫系统不仅会把它们记录在案，还能培养出一批专门对付它们的“卫兵”。这样一来，如果以后真的有这类“入侵者”来犯，已经训练有素的“卫兵”就能直接进入“战斗模式”，迅速将它们消灭。

小贴士

动物也会因为病原微生物感染而生病。它们得病后，不仅自身健康会受到损害，有些疾病还会传染给人，比如禽流感、狂犬病、口蹄疫、鼠疫，等等。更麻烦的是，携带着病原微生物的畜禽，就像一颗颗定时炸弹，不仅有可能造成严重的环境污染，还有可能引起突发性公共卫生事件。

原来，疫苗就是这样发挥作用的。

看到这里，你可能会想到一个问题：我们需要接种各种疫苗，动物是不是也需要接种疫苗呢?

确实，想让我们身边的动物保持健康，最好要给它们接种疫苗。大规模养殖猪、牛、羊等牲畜，以及鸡、鸭、鹅等家禽时，也要给它们接种疫苗。

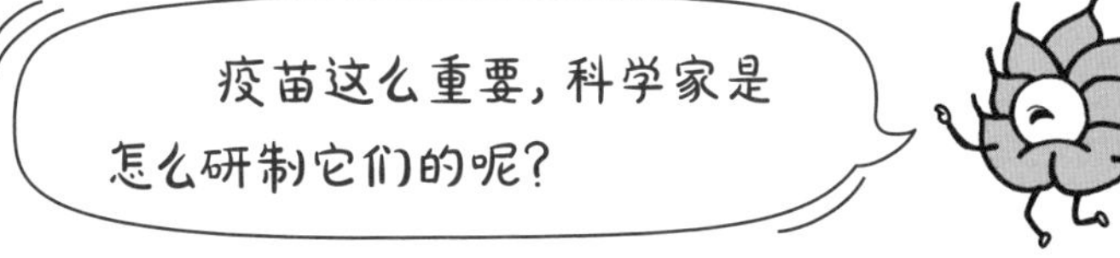

疫苗这么重要，科学家是怎么研制它们的呢?

为了保护人和一些动物的健康，科学家们可没少动脑筋，他们借助高速发展的科学技术，不断研发出种类繁多的疫苗，其中很多疫苗被广泛使用，成为人和一些动物的“健康守护者”。

常见的疫苗可以分为传统疫苗和新型疫苗两类。传统疫苗包括灭活疫苗、减毒活疫苗等，新型疫苗包括基因工程疫苗等。

小猪正要接种疫苗

这些名字是不是听起来很复杂？没关系，我们一个个来说。

灭活疫苗，是将病原微生物杀死后制成的疫苗。它的优点是非常安全（毕竟“敌人”已经死了嘛），但缺点是成本较高，效果维持时间较短，需要多次接种等。

减毒活疫苗，是设法使病原微生物的毒性减弱后制成的疫苗。由于携带的“敌人”是活的，可以继续繁殖，会不断刺激免疫系统派出“卫兵”，所以这种疫苗能够起作用的时间比较长。但是，它也存在一定风险，因为“敌人”的毒性可能会重新变强。与前两种疫苗相比，基因工程疫苗应用了更加先进的技术。

病原微生物身上只有一部分蛋白成分能够“唤醒”免疫系统，让它们派出“卫兵”。科学家们便将控制这些蛋白合成的基因“挑选”出来，制造出一些不完整的、没有“战斗力”的“敌人”，再利用它们制成疫苗。

科学家们也可以把“敌人”身上带有毒性的基因去掉，或者让它们发生突变，变得不带毒性，然后将不再具有毒性的“敌人”制成疫苗。

基因工程疫苗的主要优点是安全性高，而且成本较低。

这些先进的疫苗不仅保护了我们的健康，对畜牧养殖业的发展，也起到了保驾护航的重要作用。有很多科学家，就一心投入到研发动物疫苗的工作中。华中农业大学的陈焕春院士，就是一位研发动物疫苗的科学家。

1989 年，在德国留学 5 年的陈焕春婉拒了导师推荐的工作机会，决定回到祖国进行科学研究。他返回出国前任教的华中农业大学。那时的科研条件远不如现在，实验室里有时甚至不能正常供水供电。但陈焕春不怕，全身心地开始了研究工作。

小贴士

随着科技的迅猛发展，各种新型疫苗接连诞生，除了基因工程疫苗以外，还有合成肽疫苗、转基因植物可食疫苗等。新型疫苗应用了现代化的研发和生产技术，是未来疫苗发展的主要方向。

那时候，湖北省很多养殖场生猪突然死亡，生猪养殖业受到了很大威胁。陈焕春为这事十分着急，每天奔忙于实验室和猪场之间。经过坚持不懈的研究，他从死亡的猪身上分离出了猪伪狂犬病病毒，找到了猪死亡的原因。

要知道，这种病毒曾被称为养猪业“第一大杀手”，很多人都对它束手无策。陈焕春没有畏惧，他开始抓紧研发对付这种病毒传播的疫苗，最终研发出我国第一支猪伪狂犬病灭活疫苗，使得猪伪狂犬病没有再在全国出现大规模暴发与流行。

陈焕春院士踏上科研之路快50年了，现在他还是每天忙忙碌碌，穿梭在乡村的猪圈牛栏。有时候，他会蹲着给动物看病，一蹲就是半天，想要起身时，得靠别人搀扶。但他仍然乐此不疲，总是说，动物健康，人才安全！

后来，陈焕春带领团队继续钻研，经过多年的努力，成功研制出了猪伪狂犬病病毒的基因工程疫苗，以及其他几十种动物基因工程疫苗，帮助无数养殖户保住了饲养的牲畜，被养殖户亲切地称为“守护神”。

与国外相比，我国的动物疫苗研发工作起步较晚，但很多科学家也像陈焕春院士一样，不断研究和探索，奋起直追，使得我国疫苗生产技术的发展十分迅速，生产系统也越来越先进。目前，我国动物疫苗的质量正向着国际先进水平迈进。相信随着我国科技力量的不断提升，动物疫苗的研发也会不断取得新突破，助力我国农业不断取得新发展。

牛吃进去的草是
怎么变成牛奶的?

说起牛奶，大家一定不陌生。奶牛悠闲地吃完青草大餐，用不了太久，就会产出乳白色的牛奶。

那么，你知道奶牛吃进去的草，是如何转变成牛奶的吗？草“变身”为牛奶，需要经过一个复杂的消化吸收和代谢过程。

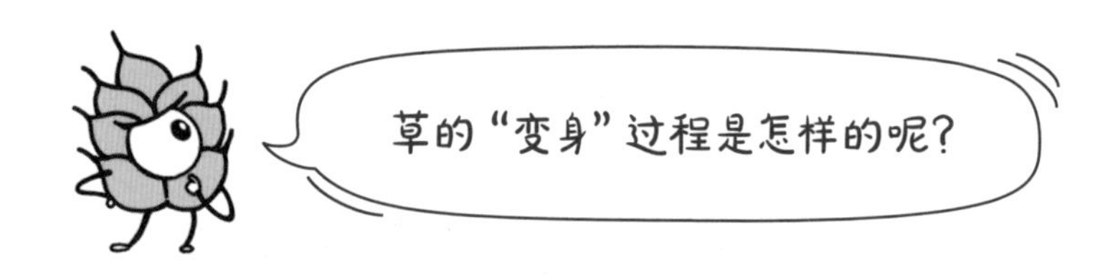
草的“变身”过程是怎样的呢？

下面，咱们就跟随一棵小草，来体验一下特殊的“变身”旅行吧：

伴随着清脆的牛铃声，我这棵小草被卷入了奶牛的嘴巴里。我还没来得及仔细观察牛的口腔长什么样，就和同伴们一起被送到了

哎呀，旅程就
这么开始了吗？

牧场里的奶牛正在吃青草大餐

一个大大的瘤胃中。这里有很多种微生物，比如纤维素分解菌、淀粉分解菌、糖利用菌、蛋白分解菌和甲烷产生菌等。其中，纤维素分解菌数量最多。它们发酵后会产生一种秘密武器——纤维素分解酶，可以脱掉我和同伴们坚韧的外衣。

牛的瘤胃里温暖又潮湿，脱掉外衣后身体变软的我，正感到昏昏欲睡时，一股强大的力量把我和其他同伴一起挤回了牛的口腔里，吓了我一跳！

奶牛不停地咀嚼着返回嘴里的东西，弄得我就像坐过山车一样，一会儿上一会儿下，一会儿左一会儿右，被磨得“粉身碎骨”。等我回过神来的时候，发现自己又旅行到了奶牛的瘤胃里，再一次与各种微生物亲密接触。

小贴士

一些动物吃东西时比较着急，还没充分咀嚼就把食物吞了下去。这样的食物在瘤胃里浸泡并软化后，会被重新呕回嘴里，这一次，它们会被仔细地咀嚼，然后再次被咽下肚。这个过程叫反刍，主要出现在哺乳纲偶蹄目的部分草食性动物身上，比如牛、羊、鹿等。

听说人类和很多种动物都只有一个胃，但是奶牛等反刍动物有4个胃，分别是瘤胃、网胃、瓣胃和皱胃。瘤胃里温度适宜，也不像单胃动物的胃那样会分泌胃酸。它就像一个温暖舒适的家，可以让微生物成群结队地在这里安家落户。

我们草的身体里有纤维素和果胶，而瘤胃中的各种微生物产生的酶，可以把纤维素和果胶分解，让它们变成好吸收的营养物质，比如挥发性脂肪酸，这其中包括乙酸盐、丙酸盐和丁酸盐等——哇，它们的名字可真难记。

另外，瘤胃微生物还能利用我们草身体里的非蛋白质氮来合成菌体蛋白质。这些菌体蛋白质最终都会被牛的肠胃吸收，一部分变成了牛奶中的蛋白质。

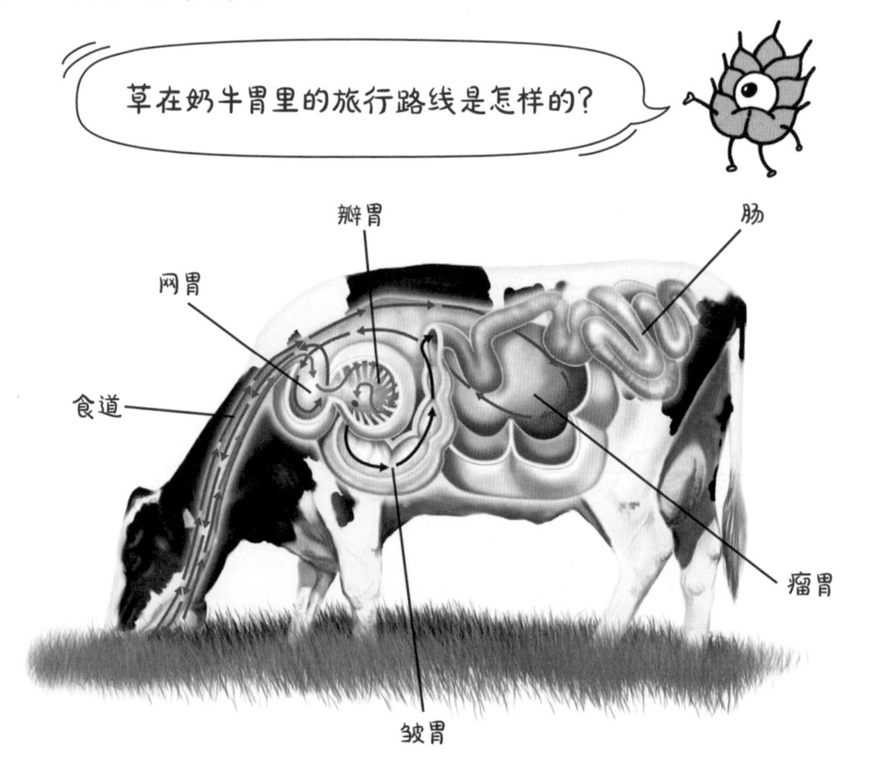

在瘤胃里经历了初步消化，一部分营养也被吸收了，现在的我，已经变成了碎渣渣。接下来，我还要经过网胃的过滤、瓣胃的磨碎挤压，再进入皱胃，和这里的消化液混合在一起，被进一步消化，然后才能开启下一段旅程。

咻——我滑进了蜿蜒曲折的肠道中。这里简直像个迷宫。经过转弯、转弯，再转弯，随着小肠的蠕动，我完全变了模样。这里生活着更多的微生物，还有各种消化液，我被分解成了更小的营养成分，彻底没有了原来的模样。变得极其微小的我，被肠道壁中的细胞吸收了，最后汇集到血管里，又被运送到肝中。

经过肝的充分加工代谢，我变成了乙酸、丙酸、丁酸、氨基酸、葡萄糖等各种营养物质。这些营养物质随后会进入血管，搭乘“血液特快号”，被运送到乳腺组织，等待着被转化利用。

没想到吧，我的变身本领竟然这么强。

乳腺就是奶牛体内制造牛奶的工厂。乳腺上皮细胞是工厂里能干的工匠，可以把多种简单的小分子合成大分子，再加工成乳蛋白、乳脂肪、乳糖等牛奶的成分，这些成分最终组合在一起，就变成了营养丰富的牛奶。

我身体中没有完全被消化吸收的部分，会去哪里呢？

那些没有被充分消化吸收的部分，其实就是你们常说的食物残渣，会继续在奶牛的肠道里旅行，由小肠进入大肠，最后变成粪便，被排到体外。其中一些粪便会回到土地里，成为天然肥料。这样，就形成了“青草—奶牛—微生物—牛奶—粪便—青草”循环农业圈。

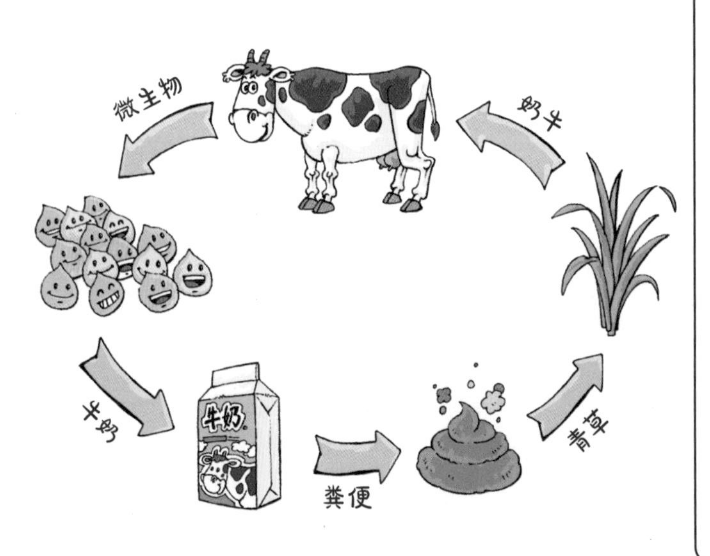

小贴士

牛奶中含有蛋白质、脂肪、多种维生素和矿物质等营养成分，对人体的生长发育有很多好处。但是，刚挤出来的牛奶（称为生牛奶）含有细菌，不适合人直接喝，要经过高温灭菌处理，喝起来才更卫生。

巴氏杀菌法是一种较为常见的高温灭菌方式，把温度控制在适宜的范围内（62 ~ 65 摄氏度），既可以杀灭牛奶里有害的细菌，又可以最大限度地保留牛奶中对人体有益的生物活性成分，如乳铁蛋白、免疫球蛋白等。我国的一些专家正在发展和推广富含活性成分的巴氏杀菌奶，以便让大家喝得放心，也能获得更多营养。

为了让奶牛吃得好，科学家都做了什么？

奶牛爱吃的食物除了苜蓿、羊草等牧草，还有玉米秸、饲料油菜等。

怎样才能让奶牛吃得更好、产更多的奶呢?这可是一门学问。

浙江大学的刘建新教授，30 多年来一直从事畜牧产业科技方面的研究。他对待工作和科学研究十分勤谨。师生们说:“刘老师的办公室，总是第一个亮灯，最后一个熄灯。”

经过反复钻研，刘建新教授发现不同饲料产生的效果会相互影响，将不同的饲料组合搭配起来，可以达到更好的营养效果。他探索出了一套绿色、健康、高效、低碳养殖的关键系列技术，还把这些成果毫无保留地与同行和业界分享，有效地促进了我国畜牧业高质量发展。

另外，一些专家还会把饲料切割成适当大小，将它们和有益微生物一起装窖、压实、封埋。经过发酵，饲料会变成黄绿色，柔软多汁，气味酸香，消化率高，营养丰富。这样的饲料叫作青贮饲料，有“草罐头”的美誉。贮存发酵后的饲料，更有利于奶牛消化吸收，可以保护它们的胃肠道健康。

随着生活水平的提高，人们对牛奶的需求量越来越大。为了获得更多牛奶，就要饲养更多奶牛，对牧草的需求量也越来越大。牧草种质资源是非常宝贵的，对于促进畜牧业可持续发展具有重要意义。为此，我国科学家做出了巨大努力。相信他们一定能培育出更优质的牧草，让更多奶牛吃得又饱又健康！

我国是养牛大国

温度
鱼的性别
竟然可以变？

你知道吗？当你还在妈妈肚子里的时候，是男孩还是女孩就已经确定了。而且，世界上的男性和女性，数量是差不多的。

可是，有一种鱼很特别，刚从卵里孵化出来的小鱼，全都是雌性的，等长大以后，性别会变。

这种鱼的头尖尖的，身体细长细长的，全身十分光滑。

你是不是觉得它的样子有点儿奇怪？确实，它没有鳍（已经退化了），长得像蛇一样。

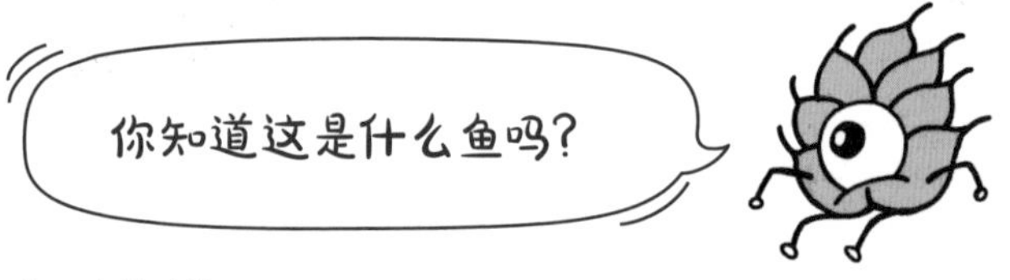

你知道这是什么鱼吗？

它的名字叫黄鳝。

早在 1944 年，我国鱼类学家刘建康先生就发现，等到小黄鳝长大，产下卵宝宝后，它的身体内部就会慢慢发生奇妙的变化——逐渐转变成雄性！

变身为雄性的黄鳝妈妈，又会当上爸爸。真奇怪，黄鳝为什么会由雌性转变为雄性呢？

从今天起，
别再叫我妈妈，
要改叫爸爸。

科学家们和你一样，对此也很好奇，可是，直到现在，这个谜也没有解开呢。

不过，科学家们发现，这种性别转变的奇妙现象，对于鱼类来说并不是什么稀罕事。

还有什么鱼会转变性别呢？

小丑鱼喜欢住在海葵周围

比如小丑鱼。

小丑鱼很胆小，总是一大家子一起住在海葵周围，依靠海葵来保护自己。这一大家子中，体格最壮实的那条小丑鱼，会充当妈妈的角色，其余的都是“男士”。

如果小丑鱼大家庭中的“女士”不幸遇到意外，那些“男士”中最壮实的一个就会“挺身而出”——它的身体内部会发生变化，慢慢转变成“女士”，担负起做妈妈的重任。

像黄鳝和小丑鱼这样，同一条鱼，既可以是雄性，也可以是雌性，科学家把这种怪现象称为“雌雄同体现象”。

不过，黄鳝和小丑鱼都不是同时具有两性特征的，黄鳝是先雌后雄，小丑鱼是先雄后雌，都有一个转换性别的过程，科学家把这种情况统称为“不同步雌雄同体现象”。

是不是有一些鱼同时具备两性特征呀？

的确有这样的鱼。

在一些鱼类家族中，有一部分特殊的成员，它们既是雄性的，也是雌性的，可以根据家族的需要，充当爸爸或者妈妈。科学家给这种现象也起了名字，叫作“同步雌雄同体现象”。

有一种不太常见的鱼，名叫条纹鲐（yí），它们当中就有同步雌雄同体现象。

不过，就算一些鱼既是雌性的，也是雄性的，也要和另一条鱼婚配之后才能繁殖后代。

你是不是觉得这些鱼太奇妙了？有一些雌雄同体的鱼更神奇，即使没有和另一条鱼婚配，它们也照样可以繁殖后代。

真有这样的鱼？

有啊。这种鱼叫红树林鳉（jiāng），是人们至今发现的唯一具有这种奇异本领的鱼。至于它们为什么具有这样的“超能力”，现在还是个谜。世界之大，真是无奇不有啊！

讲了这么多鱼类性别方面的怪现象，你的小脑袋里是不是冒出了这样一个问题——鱼类的性别是由什么决定的呢？

科学家研究发现，决定鱼类性别的，有两种因素：一种是遗传因素；一种是环境因素。

由遗传因素决定性别的鱼最常见，人类也属于这种情况。就是说，后代的性别是由爸爸妈妈传递给它们的遗传信息决定的，而且，还没出生的时候，性别就已经确定了。

由环境因素决定性别的鱼，就很特别了，它们的性别和水的温度、含盐量、酸碱度，以及水中的光照条件、食物的数量等，都有一些关系。

水中的环境会影响鱼的雌雄比例

还有一些鱼,它们的性别是由遗传因素和环境因素共同决定的。它们的性别本来已经由父母的遗传信息确定了,可后来受到各种环境条件的影响,生理特征发生了变化,结果,它们看上去是雌鱼,实际上却是雄鱼。

不可思议的是,绝大多数让鱼感到不舒服的环境条件,比如水温过高、食物不足等,普遍会导致种群中的雄鱼变多,使得雌鱼和雄鱼的比例失去平衡。雌鱼变少了,鱼宝宝自然也会变少。长此以往,这类鱼就会越来越少,甚至会灭绝。这可太糟糕了!

长期研究鱼类的科学家,早就发现了一些鱼性别比例失衡的问题。怎么办?他们要想办法帮一些鱼改变性别。

我国鱼类生物技术专家陈松林院士,就成功改变了雄性半滑舌鳎(tǎ)的性别。

半滑舌鳎很名贵，所以很多渔民喜欢养殖这种鱼。可是，他们发现，自己辛辛苦苦养出来的半滑舌鳎，雌雄数量差别很大，个头儿长不大的雄鱼，所占的比例竟然有70%～90%。
我也很想再长大些，可是做不到呀。

这种情况对半滑舌鳎的养殖和繁育都不好。陈松林知道后，决定攻克这一难题。

2009年，陈松林带领团队开始研究半滑舌鳎的基因，有了令人欣喜的发现。原来，半滑舌鳎有一个特殊的基因，它就像一个神奇的开关，如果它“开启”了，半滑舌鳎就会变成雄鱼；如果它“关闭”了，半滑舌鳎就会变成雌鱼。经过一次又一次实验，多次失败之后，陈松林团队终于掌握了关闭雄性半滑舌鳎基因中那个“开关”的技术。

小贴士

半滑舌鳎是一种名贵的海水养殖鱼。雌鱼体形较大，体重可超过500克。雄鱼体形较小，体重还不到雌鱼的一半，有些甚至连雌鱼体重的四分之一都不到。

这样，就可以增加雌鱼的比例，从而提高半滑舌鳎的产量。这可解决了渔民们的大难题！

鱼类育种是一个十分漫长的过程，要培育一个鱼类新品种，至少得花费 10 年。陈松林院士培育半滑舌鳎“鳎优 1 号”用了整整 12 年。一件事坚持做十几年，很多人会觉得非常枯燥，但陈松林因为热爱自己的研究工作，始终乐在其中。通过一项又一项研究，他解决了很多鱼类养殖的难题，为我国海水鱼遗传育种技术的发展做出了突出贡献。一个个令人欣喜的研究成果，是对他“数十年如一日”最好的回报。

通过改变鱼的性别，不仅能够提高水产养殖的效益，还可以控制一些对环境不利的鱼的数量，保护生态环境。不过，鱼类的“性别密码”实在太复杂，至今还有很多未解之谜。你想破解鱼类的“性别密码”吗？精彩纷呈的科学世界等着你来探索哦。

怎样才能让鱼
在鱼塘里安家?

除了难以捉摸的“性别密码”，鱼类身上的奥秘还有很多。它们来自大自然，想要把它们圈起来好好饲养，这事儿并不容易。

你在家里养过鱼吗？如果按照所养的鱼的特点，让水族箱里的条件适合它们生活，这些鱼就能在水族箱里安家。你瞧它们，成群结队地游来游去，看起来还挺和谐的。

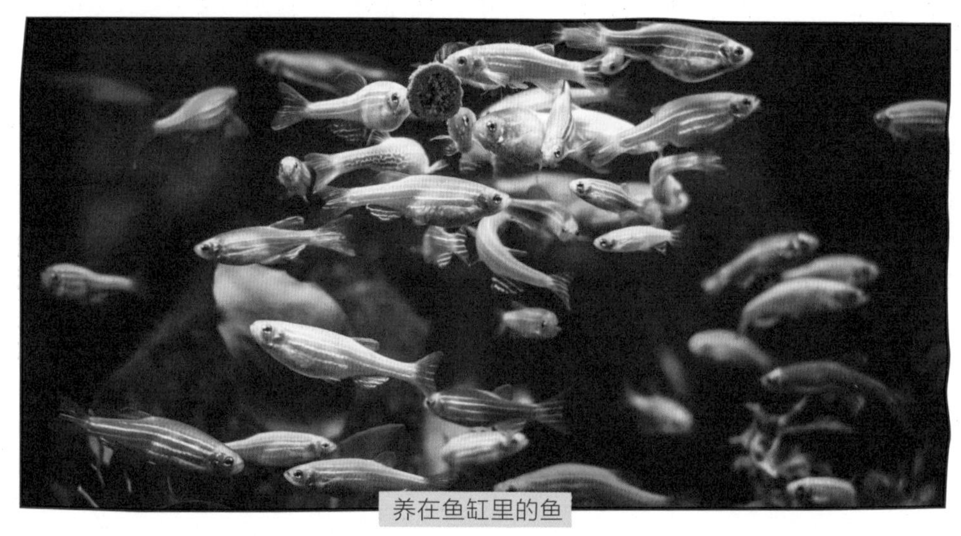

养在鱼缸里的鱼

可是，如果让各种鱼在水塘里安家，它们能友好相处吗？

这可不一定。俗话说，“大鱼吃小鱼，小鱼吃虾米”。很多鱼之间是有捕食关系的。一些鱼天生就会“欺负”其他鱼，因为它们是“肉食爱好者”，我们称之为“肉食性鱼类”。我国平原地区的江河、湖泊和水库中，有一种常见的鱼，名字叫作鳡（gǎn）。它们可以长到 2 米多长，经常会袭击其他鱼，把它们吞进肚子里。鳡实在是太凶猛了，因此得了个绰号，叫“水老虎”。

当然，也不是所有鱼都爱吃肉，有一些鱼就是“素食爱好者”，主要以植物为食，被称作“植食性鱼类”。它们性情温和，不会主动攻击其他鱼。

在我国分布广泛的鳊(biān)，就是一种爱吃植物的鱼。它们的食谱上基本都是各种水草和水藻，偶尔吃点儿水里的小虫子。

还有一些鱼是“杂食性鱼类”，也就是说，它们既吃水里的植物，也吃小型水生动物。

鳊是“素食爱好者”

我们常见的鲤就很讲究荤素搭配。它们的食谱上不仅有水草和水藻，还有小鱼小虾，以及螺、蚌、蚬等软体动物。

如果两种鱼之间存在捕食关系，又生活在同一片水域，那对捕食者来说简直就像住在美食王国啊，随时随地可以饱餐一顿。因此，人们要想养殖不同种类的鱼，就得弄清楚它们都喜欢吃什么，不能随意地把爱吃肉的鱼和爱吃素的鱼养在一起。

可是，对于养殖鱼的人来说，也不能只养某一类鱼呀。这可怎么办？随着水产养殖技术的不断提高，这个问题已经有了解决的好办法。到底是什么办法呢？就是把不同食性的鱼分开圈养，这样就不用担心“大鱼吃小鱼”啦。

华中农业大学的何绪刚教授团队发明了一种高效绿色鱼塘圈养模式，相当于在鱼塘里给鱼建了房子，让不同食性的鱼分别住在自己的房子里。每种鱼有了专属的“住房”，养殖人员就可以根据它们的喜好分别给它们喂食，还方便给它们打扫卫生——鱼的剩饭和粪便等，都可以通过特殊的设备从水中抽离出来。“住房”条件这么好，鱼自然会长得健健康康的。

让不同食性的鱼分开住，这个办法虽然好，可是比较占地方。要想在鱼塘里尽可能多地养鱼，该怎么办呢？

小贴士

我国是世界上最早开始养殖鱼类的国家。考古学家在殷墟（商朝后期都城遗址）出土的甲骨上发现了有关“圃鱼”的记载，证明我国在殷商时期就开始在池塘中养鱼了。

有科学技术做帮手，这个问题难不倒人。只要挑选好鱼的品种，是可以把不同种类、不同食性的鱼混养在一起的。

到底要怎么挑选混养在一起的鱼呢?

首先，它们不能互相争抢地盘。比如，对于鱼塘来说，可以分为上、中、下3层，从上到下水温逐渐降低，压力逐渐升高，生活在那里的动植物也不完全一样。不同的淡水鱼喜欢不同的水层，科学家研究发现，草鱼通常生活在中下层，鲢通常生活在中上层，它们都吃素，而且草鱼排出的粪便可以为水中的浮游生物提供营养，而浮游生物又是鲢爱吃的美味，所以把它们混养在一起就挺合适。

还有，混养在一起的鱼不能喜欢吃同样的食物，要不，它们总是争吃的，有些吃得多，有些吃得少，肯定长不好。

井井有条的鱼塘

你看，要让鱼在水塘里安家，把它们养殖好，需要了解的学问还挺多吧？

要让鱼真正地在鱼塘里安家落户，不仅要保证它们生活得好，还要让它们能够繁殖后代。

你可能想不到，对养殖的鱼进行人工繁育，曾经是世界性难题呢。不过，以钟麟为代表的中国科学家们非常棒，成功解决了这个大难题。

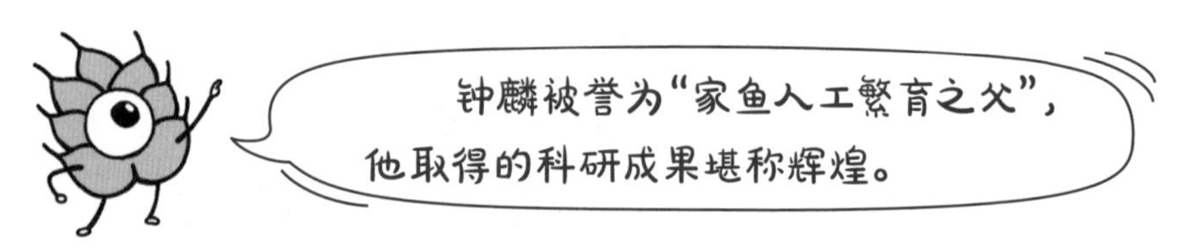

钟麟被誉为“家鱼人工繁育之父”，
他取得的科研成果堪称辉煌。

钟麟出生在广东省的一个淡水鱼养殖基地，从小就对鱼有感情，长大后以优异的成绩考入了专业的水产研究学校，学习了很多有关鱼类养殖的知识。毕业后，他就开始从事水产研究工作。
为什么家鱼很难在水塘繁衍后代呢？我一定得弄明白。

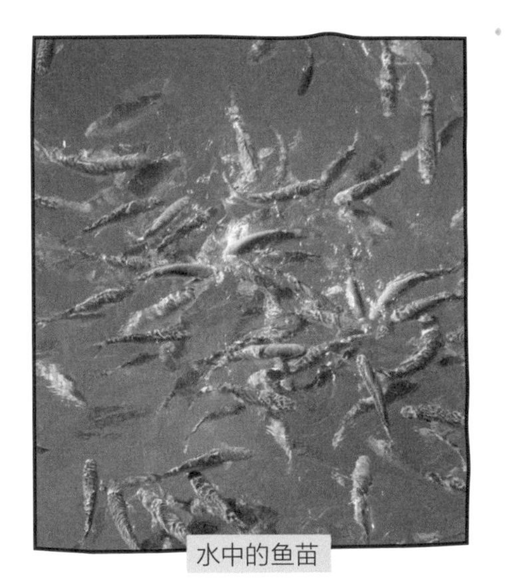
水中的鱼苗

新中国成立初期，我国水产养殖业比较落后，最大的问题就是鱼苗供应不上。那时，所有鱼苗都是从江河湖海里捕捞的，不但影响野外的鱼繁衍，捕捞上来的鱼苗也不能很快适应鱼塘里的生活，很容易死亡。

要是能帮鱼塘里的鱼繁殖后代就好了。一些外国专家说，这个问题很难，几乎没法解决。但是，钟麟面对这个大难题没有退缩，反而更加投入地进行研究。经过 2 年夜以继日的努力，他首先从理论上证明，家鱼在鱼塘中是可以人工繁育的。

看到希望后，钟麟又满怀激情地开始了下一步工作。他跋山涉水，仔细观察江河中一些鱼的繁育过程，发现了自然条件下鱼类繁育过程中的一些重要规律。珠江干流两岸都留下了钟麟的足迹，沿岸渔民几乎都认识这位身材消瘦、皮肤黝黑的科学家。

这一路风餐露宿没有白费。1958 年，钟麟通过多次试验，终于通过人工授精的方法让养殖的家鱼繁殖出了后代，获得了全世界第一批全人工繁育的家鱼苗。这太了不起了！要知道，在这之前，3000 多年来，我国养殖鱼的人一直都是从大自然捕捞鱼苗的。

家鱼人工繁育技术是我国水产业第一个重大科研成果，在科学界引起强烈反响，成为渔业史上意义非凡的“里程碑”。

小贴士

在新中国成立初期，我国水产品的年产量只有 90 万吨左右。随着农业科技的进步，水产品的产量不断提高，2021 年，我国水产品总产量已超过 6500 万吨，连续 30 多年保持世界第一。

后来，又有许多水产科学家不断研究和发展这项技术，对国家水产业做出了重要贡献。

你可能没想到吧，让鱼在水塘里安家，背后竟然有科学家这么多艰辛努力。关于水产养殖，还有很多值得探索的领域，期待你一起来探索奇妙水产世界哦。

一群鱼被放入鱼塘

为什么要在
稻田里养鱼？

大自然中的鱼都生活在哪里？小溪、河流、湖泊、水塘，还有海洋……很多有水的地方，都有鱼的身影。

稻田里也有很多水，鱼能不能在稻田里生活呢？

当然可以啦。早在 2000 多年前，勤劳而智慧的中国农民，就开始在稻田中养鱼了。

为什么要让鱼和水稻挤在一起生活？它们一起生活有什么好处吗？

首先，生活在稻田里的鱼不用为了吃的而发愁。稻田里不仅有浮萍、水草等水生植物，还有许许多多的浮游生物，以及一些会对水稻造成危害的虫子。对于鱼来说，这些都是天然的食物，以它们为食，就可以少吃或者不吃人工饲料。而对于水稻来说，鱼就像敬业的保镖，可以帮忙对付害虫和抢夺营养的水草。

小鱼苗与水稻生活在一起

我们这叫互利共生！

另外，鱼排出的粪便可以为水稻提供养分。它们在稻田里游来游去，还会搅动水和土壤，让水稻的根系更容易获得氧气。当然，稻田里的鱼也会得到“回报”，茁壮生长的水稻会为它们提供“绿色遮阳伞”，不让阳光暴晒它们。在这样舒适的自然环境中长大的鱼，身体会更加强健，肉质也会更加鲜美。

生活在稻田里的鱼虽然很舒服，但是，可不是所有的鱼都能在稻田里安家。那么，什么样的鱼适合生活在稻田里呢？首先，得适合在浅水环境中生存，因为一般的稻田水深只有20厘米左右；其次，得是草食性或杂食性的鱼类，因为稻田能提供给鱼的食物，只有一些水生植物、浮游生物和虫子。这样的鱼，种类并不多。目前，养殖在稻田里的鱼，主要是禾花鱼（乌鲤）和鲫鱼。

在稻田里养鱼看起来好处多多，那么，是不是所有稻田都适合养鱼呢？不是的。适合养鱼的稻田至少要具备两个条件：一是有充足的水源，可以保证稻田不断水、不干涸；二是田中的水要有流动性，不能一直静止不动。

来看看我国的稻鱼共生系统吧。

在我国，浙江青田是稻田养鱼最成功的地方之一。9 世纪，那里就出现了稻田养鱼。起初，农民用溪水来灌溉稻田，一些鱼便随着溪水游进了稻田，在这里安家落户。水稻和鱼自然生长，便形成了天然的稻鱼共生系统。

青田县的很多农民，最熟悉的就是稻田养鱼技术。每年 3 月，他们会把处在繁殖期的雄鱼和雌鱼养在大桶里，再浸入柔软的松树枝，让雌鱼在松树枝上产卵。

一个多月后，大桶里出现了很多 1 到 2 厘米长的小鱼苗，而这会儿恰好是水稻插秧的时候。插完秧，农民们便给鱼苗“搬家”，让它们住进稻田里。

小贴士

经过 1200 多年，青田县一直保持着这种传统的农业生产方式，并发展出独具特色的稻鱼文化。2005 年，浙江青田稻鱼共生系统被联合国粮食及农业组织列为首批全球重要农业文化遗产。

等水稻成熟后，农民们会把田里的水放干，这时就能看到很多鱼在泥地上扭动身子。他们会先收割水稻，再把鱼抓起来，每亩田能收获 30 到 40 千克的鱼。除了拿鱼来招待宾客，他们还会把鲜鱼做成鱼干。这些美味的鱼干可是抢手货，经常有外地人慕名来买。

“鱼利稻，稻利鱼。”稻田养鱼是一种典型的互利共生的农业生态系统。

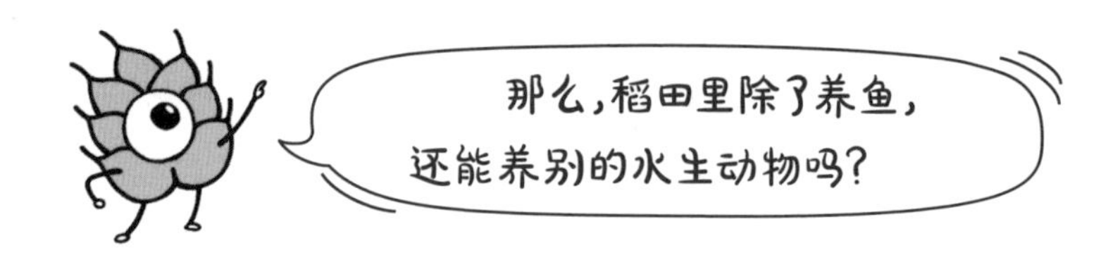

那么，稻田里除了养鱼，
还能养别的水生动物吗？

谁说不行呢。农民们凭借稻田养鱼的经验与思路，又发明了稻田养小龙虾、稻田养蟹、稻田养泥鳅、稻田养田螺、稻田养蛙等多种多样的农业生产模式，使最初的稻“鱼”养殖发展成了稻“渔”综合种养。

2020 年，我国的稻渔综合种养面积突破了 3800 万亩，生产各类水产品多达 325 万吨。

其中，占比最大的除了稻田养鱼外，就是稻田养小龙虾。湖北省潜江市拥有全国面积最大的稻虾共作系统，发展速度在全国名列前茅，潜江龙虾已成为全国农产品地理标志。

2017年，华中农业大学张启发院士团队，在深入调研湖北潜江等地的稻田种养模式之后，对这种模式产生了浓厚兴趣，并想借此重新把湖北塑造成理想中的“鱼米之乡”。稻田种养正处在快速发展阶段，优势明显，但也存在一些问题，比如稻田环境不达标、资源浪费等。为了解决这些问题，张启发院士经过仔细研究，提出了“双水双绿”的稻田种养产业发展理念。

小贴士

小龙虾最初漂洋过海来到中国时，是嚣张的“入侵物种”，现在却变成了我们餐桌上的美食。如今，我国养殖的小龙虾产量很高，国外80%以上的小龙虾都来自中国。2018年俄罗斯世界杯期间，中国的“小龙虾专列”载着10万只小龙虾，前往俄罗斯“助阵”世界杯，让很多外国人都尝到了中国美味的小龙虾。

“双水”指水稻和水生动物,“双绿”指绿色稻米和绿色水产品。想实现“双绿”,就要保证生产环境“绿色”,也就是稻田中的水、土壤等不能受到污染,还要保证生产过程“绿色”,就是要提高资源利用率、减少或避免排放污染物等。如果能够做到“双水双绿”,我们得到的稻米和水产品就会更加优质、美味、营养、安全。

这里的稻米和水产品都很棒哦!
绿色
绿色

在很多人眼中,张启发院士是个很能“折腾”的人。他凭着自己较真儿、坚韧的性格,在很多原本没有机会的情况下创造了机会,带领团队克服很多困难,探索出一种兼顾经济效益、社会效益、环境效益的生产模式。

他曾给学生们发过一条短信,其中引用了一首诗:“朝为田舍郎,暮登天子堂。将相本无种,男儿当自强。”他还告诉学生们:“没有哪一样成功是天上掉下来的,都是靠努力奋斗得来的。”对于“爱折腾”的张启发院士来说,人生最重要的是要做好规划,有确定的追求,然后带着强烈的渴望去实现自己的人生价值,在自己热爱的领域做最好的自己。

稻田种养凝结了我国劳动人民的智慧,这种模式已经存在了千余年,至今仍然保持着旺盛的生命力,蕴含着巨大的价值。这种绿色生态农业模式的不断进步,会促进我国农业持续健康地发展。

未来，农民能
坐在家里种田吗？
智能种田自动化系统

“锄禾日当午，汗滴禾下土。谁知盘中餐，粒粒皆辛苦。”这首诗，你一定再熟悉不过了。

正如诗中描述的那样，农民在田里劳作是非常辛苦的。不过，历经千余年的发展，农民种田早已发生了很多变化。

随着现代农业科技快速发展、不断升级，农民的劳作是不是变得很轻松了呢？

在回答这个问题之前，我们先了解一下，种田主要有哪些步骤。

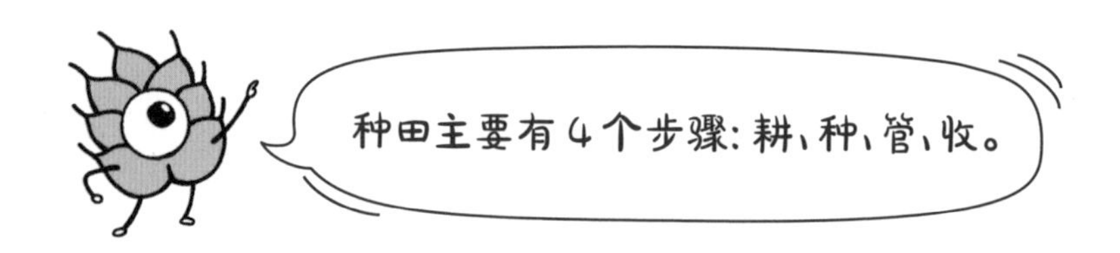

种田主要有4个步骤：耕、种、管、收。

耕，就是耕地。定期翻耕土地，可以让土壤更加疏松透气。这样，水、肥料和空气都可以更好地“抵达”农作物根部，有利于农作物的生长发育。

种，就是播种。农民通常要按照一定的数量和方式，把农作物的种子播撒到土壤中。

管，就是田间管理。农作物在生长过程中会“口渴”，会营养不良，还有可能生病。农民要给它们锄草、浇水、施肥、治病，努力帮助它们长得又高又壮。
收，就是收获。等农作物成熟后，就可以收获农产品了。

种田时，农民有什么“超级助手”吗？

我们就以“管”为例，看看都有哪些“超级助手”能帮农民进行田间管理吧。

首先出场的“超级助手”是传感器。

传感器是农作物的“看护者”。它们可以全天不间断地工作，随时监测田间的各项数据，一旦发现异常，就会立刻发出预警信号。

传感器的种类有很多。比如，土壤养分水分传感器负责收集与土壤有关的信息，它们能探测土壤中的营养够不够、水分缺不缺等；气象传感器负责收集与天气有关的信息，它们知道空气的温度高不高、湿度大不大，还有太阳光强不强、降雨量够不够等。

农民看到传感器探测到的信息，就可以及时判断要不要给农作物施肥、浇水。如果发现可能出现气象灾害，他们可以提前做好防范工作。

接下来出场的“超级助手”，是监控系统。农民不仅要了解农作物的生长环境，还得知道它们的生长情况，这就需要摄像头上场了。

在田间安装监控系统，农民就像拥有了“千里眼”。摄像头能够实时拍摄农作物的状况，通过图像分析系统，农民就能知道农作物有没有生病，田间有没有害虫和杂草等。

再来看看这位“超级助手”——无人机。

无人机在喷洒农药

无人机可是全能型的“得力干将”。它们可以载着摄像头飞上天，在空中边飞边拍。农民通过查看画面，就可以知道哪片区域庄稼的长势比较好，哪片区域受灾比较严重，等等。如果田间出现病虫害，无人机还可以装上药剂起飞，哪里有病虫害，就往哪里喷药。以往一个农民需要干一天的活儿，现在一架无人机只用10分钟就可以完成，不但效率高，还大大节省了农药，更加环保。

小贴士

无人机在播种环节也可以派上用场。在无人机上装好播种器，把种子放进去，再设定播种量和飞行路线。要不了多久，无人机就能完成播种任务。

除了前面出场的这些“超级助手”，农民的好帮手还有很多，比如旋耕机、播种机、喷药机、收割机等。在农作物生长的不同时期，这些农机具逐个儿“大显身手”，轻轻松松就能帮农民完成耕、种、管、收。

各种农机具都需要农民来操作吗？要是它们能自己在田间干活儿，那就更好啦！

这也是可以实现的。给农机具安装上卫星导航系统和自动驾驶系统，它们就可以实现自动驾驶，知道该沿着哪个方向走。

让卫星与农机具配合，
这主意真是太棒了！

告诉你一件值得骄傲的事。2020年，我国建成了拥有自主知识产权的卫星导航系统——北斗卫星导航系统。这是我国迄今为止规模最大、覆盖范围最广的全球卫星导航系统，在很多领域都能发挥重要作用，当然也包括农业。
有北斗卫星定位，农机具就可以自动驾驶啦！

除草机2号，
刀口往外一点儿。

在北斗卫星的助力下，理想中的“无人农场”正慢慢变为现实。有了可靠的卫星定位，插秧机、播种机等在田间自如穿梭，整整齐齐地种下一排排农作物，就像在广阔的田地上作画。农机具和卫星“携手”合作，可以实现人工无法达到的超高效率。

农民的“超级助手”这么多、本领这么强，应该够用了吧？

不，光有厉害的卫星当“外援”还不够，所有的机械设备还需要一个“总司令”，那就是大数据分析平台。

如果说传感器是敏感的“感知器官”、摄像头是敏锐的“千里眼”、农机具和无人机是灵活的“四肢”，那么，大数据分析平台就相当于“大脑”。“感知器官”和“千里眼”获取信息后，需要“大脑”来汇总，并进行决策。“大脑”会向“四肢”下达命令，告诉它们该播种还是该喷药，该除草还是该收割。

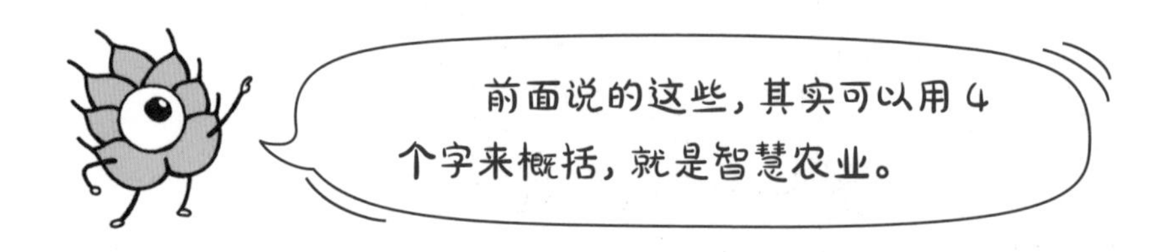

前面说的这些，其实可以用4个字来概括，就是智慧农业。

所谓智慧农业，就是利用多种科学技术，使农业生产过程不再仅凭农民的经验和感觉，不再单纯依靠人力，而是让各种机械设备能在无人的情况下自动工作，变得非常智能。

也许你不太相信，整个农业生产过程真的可以完全不需要人来参与吗？

百闻不如一见。我们一起到我国著名科学家罗锡文院士的试验田里看看吧。

去试验田之前，先和你说说罗锡文院士为什么会致力智慧农业的研究。他出生在湖南株洲的农村。很小的时候，他就要每天早早起床，跟着母亲下田干农活儿。收水稻时，他的一小截指尖不小心被镰刀割下；拉着耕牛耙田时，他不小心摔倒，险些被铁耙划伤……这些经历他一直记在心底，并下定决心，要发明“不需要人下地干活儿的机器”。

从事农业科研工作 50 年来，罗锡文院士带领团队攻克了很多关键技术，比如让农机具更加有序、规范地在田间播种。他还积极推动智慧农业建设，研制了农业机械导航与自动作业系统。目前，他的试验田已经基本实现了耕、种、管、收全过程无人化作业。

罗锡文院士有个习惯，每到一片田地进行试验，都要光着脚在泥泞的田里走一走，感受当地泥土的特性。他常说，脚踏实地，就是要两只脚踩在泥土里，去感受农机具作业的状况。他的梦想是“耕牛退休，铁牛下田，农民进城，专家种田”。在罗锡文院士和许许多多像他一样的科学家的共同努力下，我们已经离这个梦想越来越近了。

未来，农民能足不出户、轻轻松松地在家里种田吗？

绝对有可能。相信在不久的将来，农民就不用辛辛苦苦地下田劳作了。他们只要坐在家里，通过电脑或智能手机，就能看到田里农作物的长势，掌握有关土壤、天气的各种信息。当然，他们看过信息后，并不用出门去操作各种机械设备，因为大数据分析平台会自动下达指令，远程调动智能农机具、农业机器人、无人机等，让它们有条不紊地完成自动耕地、自动播种、按需灌溉、定量施肥，以及精准防治病虫害、自动收割等作业。

这是一个美好的梦想，每一位农业科技工作者都在为此不断努力着。希望未来的你，会接力书写智慧农业的华章！